Autonation.de

Der Dieselskandal

Auflage 2/November 2019

J.R Lucas Wolf

Inhalt

Einleitung

In meiner Ausarbeitung beschäftige ich mich mit dem Thema „Dieselmotor," welcher unter der Verbrennungs- Zeichnung Motor, stammt vom lateinischen Wort „motus" (Bewegung, Triebkraft) ab. Motoren wandeln Energie in mechanische Arbeit um. Bei Verbrennungsmotoren, ist dies die chemische Energie.

Neben dem Dieselmotor gibt es noch den Benzinmotor, den Otto-Motor, der genau wie der Dieselmotor mit dem ich mich beschäftige, entweder nach dem Viertaktprinzip oder dem Zweitaktprinzip arbeitet.

Schaut man aus dem Fenster oder sieht sich auf dem Parkplatz beim Einkaufen um, so sind wir von Autos deutscher Marken umgeben. Rund ein Drittel von ihnen sind Dieselfahrzeuge. Wie kaum eine andere Nation hat die Autoherstellung in Deutschland eine einzigartige Stellung. Im Jahr 2016waren rund 800 000

Menschen in der Autoindustrie beschäftigt. Überschlagen auf die Anzahl aller in Deutschland arbeitenden Menschen, heißt es, dass jeder 20. Arbeitsplatz mit der Herstellung von Fahrzeugen zusammenhängt.

Die meisten der knapp 6 Millionen Autos, die in Deutschland hergestellt werden, finden ihren Absatz im Ausland. Die Exportquote der Automobilindustrie lag im Jahr 2015, bei über 65%.

Kurz um geht es für Deutschland um Viel, viele sagen um Alles, wenn die Autoindustrie in Gefahr gerät.
Genau das ist im September des Jahres 2015 passiert. Die us-amerikanische Umweltbehörden EPA und die kalifornische Carb gaben öffentlich bekannt, dass deutsche dieselbetriebene Fahrzeuge der Marke Volkswagen, stark abweichende Abgaswerte im Testmodus und in der Praxis aufweisen, was auf gezielte Manipulationen hindeutete.
In diesem Moment war der Skandal da, der Abgasskandal, der in den Folgejahren bis heute die Justiz, die Politik und vor allem die deutsche Wirtschaft beschäftigt.

„Was passiert nun mit der Autonation Deutschland?" „Gibt es eine Chance für Dieselmotoren nach dem sog. Dieselgate?" Fragen über Fragen, die nach Erklärungsansätzen und Antworten suchen.

Kapitel 1.0

Die historische Entwicklung Deutschlands zur Autonation.

Die Deutschen haben das Auto nicht erfunden, es war ein Luxemburger, Etienne Lenoir (1822–1900), der später die französische Staatsbürgerschaft bekam. Das Leben des späteren Urvaters aller Motoren, begann recht bescheiden in einem kleinen Dorf, in dem der ehrgeizige Junge als Mann nicht bleiben wollte. Sobald er konnte verließ er sein kleines und viel zu verschlafenes Dorf, um schließlich nach Paris zu gelangen.

In den 1830er und 1840er Jahren war Paris eine pulsierende Metropole, ein Hotspot für alle, die Ehrgeiz und Träume hatten.

Der junge Etienne verrichtete zuerst Gelegenheitsarbeiten und war Kellner in der Auberge de l'Aigle d'Or. Der Inhaber der Taverne ließ den fleißigen Mann, abends im Keller des Restaurants experimentieren. Die Experimente und das verheißungsvolle Naturell des jungen Mannes, machten ihn alsbald im ganzen Stadtviertel bekannt.

Mitte der 1840er Jahre fand sich schließlich eine bessere hauptberufliche Verwendung für Etienne Lenoir, als das Tellerschleppen und er wurde als chemischer Techniker in einem Emaillierwerk angestellt, das im 3. Arrondissement, in der Nähe seines ersten provisorischen Kellerlabors lag.

Mit knapp 25 Jahren gelang es dem Autodidakten, weiße Emaille Farben herzustellen. Es folgte die Anmeldung seines ersten erfolgreichen Patents.

Nur wenige Jahre später trug eine weitere Erfindung Lenoirs dazu bei, dass die Pariser Oper wie Silber glänzen konnte. Kein geringerer als Lenoir erfand, die dafür nötige Versilberungstechnik. Doch nicht, die Chemie, sondern die Mechanik sollte Etienne Lenoir schließlich unsterblich machen.

Den Ausschlag dafür gab seine erste Begegnung mit der Fardier, deutsch. Karre, die Lenoir an der École Centrale des Arts et- Manufactures, ausgestellt gesehen hatte. Das erste Fahrzeugungetüm, das noch mit Dampf angetrieben wurde und rund 7 Tonnen wog, können sich, die Besucher bis heute in den Hallen der ehrenwerten Ecole Centrale des Arts et Manufactures, in Paris ansehen.

Das Fahrzeug hinterließ bei Etienne Lenoir einen großen Eindruck. Er spürte instinktiv, dass hiermit, die Zukunft der Mobilität verbunden sein wird. Mit Dampf ließe sich das nicht erreichen, das wusste Lenoir sofort und erntete nur verständnisloses Kopfschütteln. Doch setzte er sich durch.

Wieder holte er Vertraute und Freunde ins Boot, die an ihn glaubten und Mittel, sowie Sachkenntnis und Örtlichkeiten für Versuche bereitstellten. Mit dabei war der Junge Erfinder Marinoni, der später für andere Erfindungen Weltruhm und ein Vermögen erreichen sollte, der aber vorerst gemeinsam mit Lenoir, an einem neuen Antriebstypus arbeitete.

Lenoir wollte einen Motor bauen, der leicht ist und nur wenig Platz braucht, dafür aber enorm viel Kraft entwickeln kann. Dafür lernte der knapp 40 jährige, die Dinge nochmals neu. Er besuchte Vorlesungen an der École Centrale des Arts et Manufactures und befand sich im Dialog mit allen, die bereits über neue Antriebssysteme nachgedacht haben.

Und es ging doch! Im Jahr 1858 führten Lenoir und sein Assistent Marinoni, der Welt den ersten stationären Gasmotor vor. Im Jahr 1860 meldete Lenoir sein Patent darauf an.

Der erste Motor der Welt war ein 1 Zylinder, der Leuchtgas und Luft ansaugte und mit Hilfe einer Zündkerze, eine kleine kontrollierte Explosion auslöste, die mit ihrer Kraft einen Kolben in die Höhe schiebt. Diese Krafteinwirkung, die in schnellen Intervallen wiederholt wird, sorgt als Antrieb für die Bewegung.

Kapitel 1.1

Die großen drei, Diesel, Daimler und Otto.
Lenoir konnte sich aber nicht lange an seinem Motor erfreuen, denn schon waren ihm die deutschen Ingenieure Rudolf Diesel (1858-1913), Gottfried Daimler (1834–1900) und Nikolaus Otto (832–1891), auf den Fersen.
Daimler hat den Gasmotor wohl schon 1860 in Augenschein genommen, als er in Paris zu Besuch war. Die Erfindung hat ihn wenig begeistert.
Otto schenkte der Erfindung von Lenoir deutlich mehr Aufmerksamkeit und ließ ihn sogar zu Versuchszwecken nachbauen. Bei den Versuchen kam aber heraus, dass statt Gas einfachem Spiritus, deutlich mehr Bewegungsenergie abgewinnen kann.

Der Wahl Deutsche und geborene Franzose Rudolf Diesel, verließ im nahezu selben Knabenalter wie Lenoir, seine Heimatstadt Paris, um seinen Traum von der Technik zu erfüllen. Er ging nach München und absolvierte dort ein sehr hochwertiges

Ingenieursstudium. Sein Abschlussexamen war das Beste, aller der bis dahin am Münchener Polytechnikum examinierten Studenten.

Am 23.2.1893 erhielt der Ingenieur Rudolf Diesel, das Patent auf den wirtschaftlichsten Verbrennungsmotor überhaupt.

Der Dieselmotor findet alsbald millionenfach im Kraftfahrzeug- und Schiffsverkehr, in der Schwerindustrie sowie in Maschinen unterschiedlichster Art, als stationäres Strom-Aggregat Verwendung. Seinen Erfolg verdankt die Erfindung, insbesondere den guten Wirkungsgraden von bis zu 90%.

Dem neuen Motortyp liegt das Prinzip der „Selbstzündung" zugrunde: Im Zylinder wird die angesaugte Luft durch den Kolben, so hoch verdichtet (bis zu 50 bar) und dadurch erhitzt (etwa 800 °C), dass sich der eingespritzte Kraftstoff von selbst entzündet. Anschließend steigen Druck und Temperatur im Brennraum, der Kolben wird nach unten getrieben und leistet Arbeit.

Im März 1093 nimmt Rudolf Diesel, in der Maschinenfabrik Augsburg, mit finanzieller Unterstützung der Firma Krupp, die Entwicklungsarbeit an dem neuen Motortyp auf. Nach zahlreichen Fehlschlägen ist der Motor 1897 endlich betriebsreif und geht daraufhin international in Serie. 1908 werden die ersten Lastwagen-, Lokomotiven- und Kleindieselmotoren gebaut.

Kapitel 1.2

Der Diesel wird turbosexy.

Doch die Konkurrenz zwischen den Antriebsarten schlief nicht. Mit der Erfindung Rudolf Diesels kommt der „Wettlauf der Motoren" zu Anfang des 20. Jahrhunderts erst richtig in Schwung. Nachdem die Gasmaschinen bereits durch die Entwicklung der Ottomotoren ins Abseits gedrängt wurden.

Dem Dieselmotor springt Anfang des 20 Jahrhunderts ein weiterer Gigant im Universum der deutschen Ingenieure jener Epoche, Robert Bosch (1861–1942) zur Seite.

Der in der Nähe von Ulm geborene spätere Inbegriff des deutschen Unternehmergeistes und des technischen Sachverstandes, durchlief eine traditionelle und ruhige Kindheit und Jugendzeit. Er ging weder als Teenager in weit entfernte Städte noch musste er sich als Hilfsarbeiter verdingen. Vor seinem Militärdienst arbeitete er in Betrieben für Metallverarbeitung, die entweder Familienmitgliedern gehörten, oder auch in der Hand von anerkannten

Freunden und Bekannten waren. So z. B. in dem Werk von Rüdiger, der für die Herstellung von Schmuckketten in seinem Betrieb erstmals die automatische Verfahrensweise nutzte.

Für die damaligen Verhältnisse war eine derartige Automatisierung der Arbeit eine regelrechte Revolution, die der junge Bosch miterlebt hatte.

Nach seiner Militärzeit löste sich Bosch allmählich von der traditionellen Enge des Verwandtschafts- und Bekanntenkreises der Familie, und arbeitete in den USA bei Edison und später in Großbritannien in den Siemenswerken.

Nach den etwa 5 Jahre dauernden Auslandsaufenthalt kam der junge Robert Bosch nach Stuttgart zurück und gründete sein eigenes Unternehmen „Werkstätte für Feinmechanik und Elektrotechnik".

Nachdem etwa ein Jahr lang die Werkstätten für Feinmechanik und Elektrotechnik mit Reparaturen von Telegraphen und den ersten Telefonen beschäftigt waren, kam es zur entscheidenden Wende, der Erfindung der Niederspannungs-Magnetzündung im Jahr 1897. Fünf Jahre später folgte die Version mit der Zündkerze, die schließlich den endgültigen

Durchbruch des Unternehmens bedeutete. Als schließlich der Erfolg des Unternehmens langjährige Forschungsarbeiten möglich machte, und genügend Kapital riskiert werden konnte, forschte Bosch an der Optimierung des Dieselmotors, die bereits Diesel überlegt hatte, aber wieder aufgab.

Das Ziel war die Entwicklung von Einspritzpumpen und Einspritzdüsen für Dieselmotoren. Die Einspritzpumpen und Einspritzdüsen sollten in die Lage versetzt werden, wenig Kraftstoff in sehr schnellen Intervallen in sehr gleichmäßigen Abständen hineinzuspritzen. Damit sollten die Dieselmotoren gleichmäßiger laufen können in Abhängigkeit von der Höhe der Drehzahl.

Nach einer Forschungs- und Entwicklungszeit, in der weder am personellen noch am materiellen Aufwand gespart wurde, kam 1926 die erste serienreife Einspritzpumpe von Bosch auf dem Markt. Der Absatz von Dieselfahrzeugen die mit Hilfe der Einspritzpumpe von Bosch, den anderen Antrieben in nichts nachstanden, und sogar an Kraft und Ausdauer die anderen Motoren überholten, explodierte ab 1928 und setzte zu seiner Erfolgsgeschichte an.

Bis heute gilt das Urteil der Fachwelt, dass Dieselmotoren robuster und sparsamer sind als andere.

Wer schon mal das leise aber gleichmäßige Schnurren eines leistungsstarken Dieselmotors genossen hat, wird genau wissen, von welchen Gefühl hier die Rede ist.

Die Absatzerfolge in den 1950er-1970er Jahren gingen einher mit dem Erfolg der Automarken wie Mercedes und Volkswagen. Große, leistungsstarke, luxuriöse und langlebige Fahrzeuge waren synonym mit Dieselmotoren. Taxis, Lastwagen, Transporter, Dienstwagen und teure Familienautos förderten den Absatz der Dieselmotoren.

Doch die Autohersteller wollten mehr beim Dieselmotor erreichen und setzten in den 1980er Jahren zunehmend auf Turbolader und Direkteinspritzer. So wurden Dieselfahrzeuge plötzlich spritzig und machten dem sportlichen Fahrer zunehmend Spaß. Somit war der Diesel nicht nur an der Zapfsäule sparsamer, langlebiger und robuster, sondern auch noch attraktiver in der Fahrweise.

Der Dieselkraftstoff wird wegen seiner Relevanz für den Lieferverkehr und die Logistik in Deutschland steuerlich bevorzugt, was eine Differenz zum Benzin, von bis zu 20 Cent pro Liter ergibt. In der letzten Dekade gelang es den Dieselmotor die letzte Hürde zu nehmen und sich sogar beim Klimaschutz hervor zu tun. Mit dem Einsatz des Partikelfilters, der eine ähnliche Funktion hat, wie der Katalysator beim Benziner, konnten zumindest offiziell die Schadstoffwerte des Diesels erheblich reduziert werden.

Beim Ausstoß des Klimakillers CO2 haben Diesel bessere Werte als Benzinmotoren ausweisen können. Damit ist aber der Wettbewerb der Verbrennungsmotoren, der seit dem Ende des 19 Jahrhunderts andauert nicht beendet. Es geht weiter.

Nach der Ausweitung des Energien Gesetzes setzen sich die Elektromotoren durch und werden zukünftig womöglich zu einer Konkurrenz für die Verbrennungsmaschinen.

Kapitel 1.3

Die Autoindustrie in Deutschland.

Wenn von der Autoindustrie gesprochen wird, so stellen wir uns keine kleinen Garagenwerkstätten vor, sondern riesige Fertigungsanlagen mit Fließbändern und einer vollständig durchorganisierten Vorgehensweise. Wir denken zwangsläufig an eine Fabrik.

Zu Beginn der Automobilherstellung war die massenhafte Herstellung von Fahrzeugen weder technisch möglich noch organisatorisch überhaupt bekannt gewesen. Erst Ende des 19. Jahrhunderts, wie es Bosch selbst miterlebte, begannen Herstellungsverfahren die Automatisierung zu integrieren. Das Ausmaß dieser Erscheinung war in Deutschland ausgesprochen gering. Nur wenige Betriebe haben die Automatisierung als Chance begriffen.

Die Wende in der Einstellung brachten erst Nachrichten aus Übersee. In den USA setzten erste Branchen auf die Automatisierung der Arbeitsorganisation in der Zeit um die

Jahrhundertwende. Es waren aber zu Beginn keine Metallverarbeitungsbetriebe, sondern die Schlachthöfe in Chicago, die zur Schlachtung und Verarbeitung des Fleisches automatisierte und teilautomatisierte Anlagen nutzten.

Die Automatisierung machte zuerst in der Lebensmittelindustrie Schule und wurde erst nach der Jahrhundertwende in weiteren Industriezweigen eingeführt.

Im Fokus steht hier Henry Ford (1863-1947). Das Technikgenie aus dem ländlichen Raum in der Nähe der Stadt Detroit, die später zum absoluten Mekka der Autoindustrie in den USA werden sollte, hatte bereits mit 15 Jahren in der elterlichen Werkstatt einen Verbrennungsmotor nachgebaut. Der junge Henry verließ kurz danach seine elterliche Farm, und ging nach Detroit um dort das Handwerk des Maschinisten zu erlernen.

In der Ausbildung und in den ersten Jahren als Maschinist lernte Henry den Umgang mit Motoren kennen, da er an Ottomotoren arbeitete.

Im Alter von 25 Jahren änderte sich für den Maschinisten recht viel, er heiratete und wurde durch die Erbschaft seiner Frau zum Besitzer eines recht gut laufenden Sägewerks. Das verschaffte dem jungen und bis dahin mittellosen Mann einen gesellschaftlichen und finanziellen Aufstieg.

Die Fords hatten von nun an gänzlich andere Möglichkeiten und pflegen Bekanntschaften in der Detroiter Unternehmerszene. Hier lernte Henry Ford Thomas Edison (1847–1931) kennen. Ford nahm daraufhin eine Stellung als Chefingenieur in dem Betrieb von Edison an.

Nun hat er nicht nur die finanziellen Möglichkeiten, sondern die Räumlichkeiten, Labore, Personal und den bedingungslosen Rückhalt seines Chefs und Freundes Edison, um seine Vorstellungen und Träumen von der Autoherstellung zu erfüllen.

Kurze Zeit später entstand ein Prototyp, das Quadricycle. Das Gefährt wurde selbstständig angetrieben und konnte recht bald in Wettrennen mit anderen vergleichbaren Fahrzeugen antreten.

Die junge und dynamische amerikanische Autobranche jener Zeit um die Jahrhundertwende, war ebenso ehrgeizig, als auch prominent und verschwenderisch. Die Wettrennen der Autos begeisterten zwar das Publikum und brachten die nötige Publicity ein, waren aber sehr aufwändig und teuer. Die Ausgaben standen nicht im Verhältnis zu den enormen Ausgaben.

Die eigens für die Autoherstellung gegründete und eigentlich sehr gut finanziell ausgestattete Detroit Automobile Company schaffte es nicht, die hohen Kosten dauerhaft aufzubringen. Henry Ford musste trotz allen idealen Bedingungen 1902 Bankrott anmelden.

Doch anders als viele andere Pioniere der ersten Stunde des Personenkraftwagens, hat Ford aus den Fehlern gelernt. Bereits 1903 legte er vom Neuen los. Diesmal ganz auf eigene Rechnung mit der Ford Motor Company.

In der Zeit nach der Pleite von 1902 zog Ford die richtigen Rückschlüsse für die Autoindustrie, die bis heute auch im Zusammenhang mit dem Abgasskandal den Kern der Automobilbranche ausmachen. Die Autoherstellung braucht ein aufwändiges Marketing.

Doch das Auto ist nicht nur ein Vergnügen, das Autorennen und eine lustige Autofahrt ins Grüne möglich macht. Das Auto ist auch ein Gebrauchsgegenstand, dass den Menschen zugänglich gemacht werden muss, da sie die individuelle Mobilität wollen und brauchen. Dank Henry Ford wurde das Auto zu einem Gebrauchsgegenstand für jedermann.

Im Jahr 1908 wurden die ersten Modelle T von den Fordwerken hergestellt. Diese technisch einfachen und funktionalen Fahrzeuge kosteten lediglich 370 Dollar, die einer Kaufkraft von rund 4000 Euro heute entsprechen. Viele Amerikaner konnten alsbald ein Automobil besitzen, fahren und nutzen.

In Deutschland war es in dieser Hinsicht lange noch nicht so weit. Automatisierung gab es zwar ab 1905 auch in der Nahrungsverarbeitung. Hier setzten sich die Hannoverischen Keks Werke Bahlsen durch.
Die Deutsche Industrie boomte zwar in der Kaiserzeit und vor Beginn des ersten Weltkrieges erreichte sie ihren Höhepunkt, doch war das Auto für jedermann noch kein Thema.
Gleichzeitig gab es auch in Deutschland, wie in den USA, eine dynamische Erfinder- und Konstrukteur Szene, die immerzu neue Modelle entwickelte. Eines davon wurde auf der Weltausstellung ausgestellt und mit dem schönen Werbespruch versehen, dass es ein vollwertiger Ersatz für Kutsche und Pferdewagen ist.

Ähnlich wie in den USA wurden auch in Deutschland Autorennen mit den Prototypen organisiert. Leider fehlte es hier an der notwendigen Infrastruktur, wie befestigten Straßen, etc.

Als das von Carl Benz (1844–1929) in Mannheim entwickelte dreirädrige Fahrzeug im Jahr 1888 zu seiner ersten Langstreckenfahrt ansetzte, blieben die Menschen auf den Straßen in der Nähe von Pforzheim stehen und können ihren Augen kaum glauben. Der Prototyp war sehr leistungsschwach und schaffte kaum die leichten Steigungen der Region.
Die teils unfreiwilligen und erschrockenen Zuschauer sahen dann ein erstaunliches Bild. Am Steuer saß eine Frau und wurde von zwei ihrer Söhne auf der Probefahrt begleitet. Als dann das Gefährt im Sand stecken blieb, oder auch den Hügel nicht hinaufkam, sprangen die jungen Burschen herunter und schoben es an. So ging es sehr langsam, da durchschnittlich nur 15 km/h voran.

In den Folgejahren lief der Absatz von Autos ausgesprochen schlecht. Es gab Jahre in denen gerade mal 25 Stück beim Benz Werk abgesetzt werden.

Wenn die deutsche Automobilgeschichte beschrieben wird, darf der aus Böhmen stammende Ferdinand Porsche (1875–1951) nicht fehlen.
Sein „Egger-Lohner electric vehicle, C.2 Phaeton Model" (kurz „P1") machte in den Jahren 1899-1901 nicht nur in Wien, sondern auf allen europäischen

Rennpisten Furore. Porsche setzte in der Anfangszeit vor allem auf elektrische Antriebe. Später stellte er auch Motoren vor, die zwischen Benzin und Elektrizität wählen konnten. Man kann sagen, dass Porsche den ersten Hybridmotor erfunden hatte.

Etwas besser als bei Benz lief es währenddessen bei dem Stuttgarter Daimler der höhere Absätze vorweisen konnte, das aber nur, weil er deutlich mehr Fahrzeuge nach Frankreich verkaufte, als ins Deutsche Reich. Bei den Franzosen herrschte eine Begeisterung für die ersten Automobile vor, während in Deutschland eher Zurückhaltung angesagt war.
Der Kaiser selbst blieb dem Automobil gegenüber lange Zeit sehr skeptisch und sagte: „Ich glaube an das Pferd. Das Automobil ist nur eine vorübergehende Erscheinung."

Zum Glück entdeckten die Franzosen aber auch die positiven Seiten der deutschen Herstellung, wie Robustheit und Langlebigkeit. Da sich Daimler, wie auch einige weitere kleine Betriebe auf den Export nach Frankreich verlegen, wurden die Bedürfnisse der westlichen Nachbarn nach und nach in den Konstruktionen aufgenommen und führen zu den wichtigsten Verbesserungen. Der schwere Motor wurde immer häufiger im vorderen Bereich des Fahrzeugs platziert. Durch den Einsatz der Kardanwelle wurden Problemfelder des Antriebs, die durch Ketten und Riemen verursacht wurden, gelöst.

In den Anfangsdekaden der deutschen Automobilgeschichte sollte der Rüsselsheimer Adam Opel (1837-1895) nicht fehlen. Dabei hielt er nicht viel von Autos. Lieber baute er Nähmaschinen und Fahrräder zusammen. Er hielt Automobile, die zur seiner Zeit eigentlich nur in Zeitungen zu sehen waren, für eine kurzweilige Laune der Mode, die genauso schnell verschwinden wird, wie sie gekommen ist.

Doch seine Söhne und später Enkel bewerteten die Automobilbranche ganz anders und verlegten sich seit 1898 von der Nähmaschinenherstellung immer mehr auf Automobile. Für Entwicklung modernster Motoren gingen die Rüsselsheimer Kooperationen mit französischen Entwicklern ein.
Diese Entscheidung wurde belohnt, denn die französischen Entwickler waren erfahren, aber auch sehr progressiv eingestellt. Sie wagten einiges indem sie einen Vierzylindermotor für Opel konstruierten. Damit hatte Opel schon 1904 ein besonders leistungsstarkes Auto mit rund 30-32 PS. Im Jahr 1900

und auf der Grundlage des Patentes auf den Gasmotor von Carl Benz wurden erst 8000 Fahrzeuge hergestellt. Die Produktion war handwerklich orientiert und nicht auf eine Massenherstellung ausgerichtet. In den Werken selbst werden Konstrukteure und die Rennfahrer, die die Autos bei Wettrennen fahren, immer wichtiger.

Im stuttgartschen Cannstatt, wo sich Daimler niedergelassen hat, standen sich am Anfang des 20 Jahrhunderts das unkonventionelle autobegeisterte Vorstandsmitglied Emile Jellinek (1853-1918) und der Chefkonstrukteur Wilhelm Maybach (1846-1929) gegenüber.

Jellinek als Autonarr nervte Maybach immer wieder mit Verbesserungsvorschlägen für schnelle und wendungsstarke Autos. Doch diesmal forderte Jellinek Maybach auf, ein komplett neues Auto zu bauen. Der Techniker gab dem Drängen des Abenteurers Jellinek nach und baute ein Rennauto. Besser gesagt baute er das Rennauto seiner Zeit.

Der Wagen gewann spektakulär die wichtigsten Rennen in Europa. Darunter auch das Prestigerennen von Nizza. Er trug den Namen der Tochter des Österreichers Jellinek, Mercedes. Seitdem werden alle Fahrzeuge, die bei Daimler hergestellt werden und eine gute Figur bei Rennen gemacht haben, Mercedes genannt. Es versteht sich von selbst, dass es über kurz oder lang alle Fahrzeuge aus den Werken in Stuttgart betraf.

Im Hause Daimler ist damit eine Legende geboren worden, die bis heute mit der baden-württembergischen Metropole unabdingbar verbunden ist. Stuttgart ist Mercedes, sowie später Wolfsburg für Volkswagen stehen wird. Aber so weit ist es erst einmal nicht.

Nach den Siegen von Mercedes wurden die Fahrzeuge generell immer schneller. Sie wurden auch leistungsstärker. Das auch dank Porsche.

Im Jahr 1906 arbeitete Porsche in den österreichischen Werken von Daimler als Ingenieur und auch hier wurde er wegen seiner sportlichen Modelle bei Rennautos gefeiert.

Porsche feierte bei Daimler seine weiteren Erfolge, als er Anfang der 1920er Jahren Kompressoren in den Mercedes Motoren einführte.

Im Jahr 1931 trennten sich aber die Wege von Daimler und Porsche. Porsche gründete ein eigenes unabhängiges Konstruktionsbüro in Stuttgart. Er konstruierte nun im Auftrag vieler deutscher Autobauer, wie z. B. Horch. Die Trennung von

Daimler–Benz verlief nicht gerade harmonisch. Es war eher ein Rosenkrieg, denn eine harmonische Scheidung. Einige Jahre später sollte es dazu noch ein wichtiges Nachspiel geben.

Die PS Zahlen gingen ab 1905/06 rauf, auf 35 und später 40. Nun wurde auch der Kaiser aufmerksam. Hat er abermals noch über Autos mit dem Wort „Stink Karre" gelästert, so steigt er inzwischen immer mal wieder in ein Auto und genießt Geschwindigkeiten von mehr als 100 km/h. Doch nicht nur der Fahrspaß machte dem Flotten verrückten Monarchen gute Laune. Es waren die Steuern, die das Deutsche Reich auf die Pkw seit 1906 erhebt, die statt zum Straßenbau zum Schiffsbau beigetragen hatten.

Und hier ist es wieder, das Marketing. Für den Kaiser lohnte es sich also etwas Werbung für das Automobil zu machen. Die Steuereinnahmen stimmten, nur die Straßen blieben unter den Erwartungen.
Es gab außerhalb der Städte kaum Straßen, wo Fahrzeuge ihre Spitzenleistungen auch zeigen könnten. Nun gewannen die deutschen Autos auch an Ästhetik und Bequemlichkeit. Ab 1905 sah man kaum noch Fahrzeuge oder geschlossene Karosserien und Dach. Der Fahrer und die Beifahrer waren nicht mehr der

Witterung und den Abgasen ausgesetzt, was die Fahrten bequemer und vor allem auch gesünder verlaufen ließ.

Das Jahr 1906 stellte eine Zäsur da. Hier konnte der erste Boom bzw. die Entstehung einer Branche oder auch Industrie datiert werden. Im selben Jahr nahmen die Zahlen der Automobilbetriebe und der dort Angestellten rapide zu.

Statt der 12 Werkstätten, gab es Ende des Jahres 1906 54 Betriebe im Deutschen Reich, die Automobile herstellen. In diesen Unternehmen waren damals relativ viele Menschen beschäftigt.

Im Jahr 1906 betrugt ihre Anzahl 17.748.

In den Jahren 1909 und 1910 wurden Autos zunehmend zum Transportmittel und Nutzfahrzeug. Wichtig erscheint hier das sog „Doktorenauto" von Opel. Das gezielt für Hausbesuche von Ärzten vertrieben wurde.

Nach dieser ersten Phase des Booms kam der Erste Weltkrieg. Während des Krieges und direkt in den Krisenjahren danach war es schwer für die zivile Autoindustrie. Während des Krieges wurden alle Ressourcen in die Rüstungsindustrie investiert und danach war die Situation so verheerend, dass bei allen

Herstellern eine tiefe Krise eingetreten ist.

Doch nicht nur im Westen und Süden des Deutschen Reiches entstanden Autos, Motoren und Motorräder auch in anderen Regionen allen voran in Sachsen wuchsen kleine Betriebe, wie Horch und Audi, heran.

Die Firmen Audi, Horch, Wanderer Werke und DKW gerieten in den 1920er Jahren in Finanznot und konnten wegen der Weltwirtschaftskrise keine Finanzierung mehr erhalten. In dieser schweren Situation verbanden sich die Unternehmen zu einer Union, die anschließend nur noch Audi genannt wird.
Die vier Ringe im Symbol der Automarke Audi symbolisieren bis heute den Zusammenschluss der sächsischen Autohersteller Audi, Horch, Wanderer und DKW.

Die Firmen Daimler und Benz fusionierten im Jahr 1926, behielten aber den Namen Mercedes für ihre Wagen bei. Auf diese Weise versuchten die beiden auch geographisch nahe gelegenen Firmen mit den Wirtschaftsproblemen jener Zeit umzugehen.

Die Deutsche Bank, die der Hauptkreditgeber beider in Not geratener Firmen war, begleitete die Fusion. Daimler-Benz wurde zu einer Aktiengesellschaft mit

Hauptsitz in Berlin und Stuttgart. Die Fusion erwies sich als eine gute Entscheidung.

Die Produktionsstandtorte Mannheim, Untertürkheim und Sindelfingen konnten die Krisenjahre überstehen und bereits 1928 sah die Situation bei Daimler-Benz deutlich besser aus.

Der Tourenwagen Mercedes-Benz Typ SS entwickelte sich zu einem Verkaufserfolg. Mercedes Fahrzeuge waren bevorzugt in der Mittel- und Oberklasse zu finden. Fließbandfertigung und eine intelligente Arbeitsorganisation der Daimler-Benz Werke machte es möglich, dass auf der technischen Basis des Erfolgstyps SS weitere Untertypen, z. B. Sportwagen SSK gebaut werden konnten. Die Mercedes mit der breiten Modellpalette erwiesen sich als Exportschlager.

Als darauf 1929 der Pkw-Export wegen der Weltwirtschaftskrise einbrach, gelang es Daimler-Benz wieder ein Erfolgsmodell, diesmal den Mercedes 170er, der als Transporter und Lieferfahrzeug gedacht war, zu bauen.

Das 170er Modell entstand erstmals ohne Porsche, der Hauptverantwortliche war der neue Chefingenieur Hans Nibel. In den Krisenjahren zwischen 1930-1934 versuchte sich Daimler-Benz von seinem Image als Luxuswagenhersteller zu lösen. In Kooperation mit der Technischen Hochschule München und dem jungen Konstrukteur Josef Müller arbeitete Daimler-Benz an kleineren Heckmotoren Autos mit 1,3 Liter Motoren.

Der Absatz von großen Fahrzeugen, vor allem den Sechssitzern ging ab 1930 rapide zurück. Das Unternehmen befürchtete ohne ein kleineres und sparsames Modell die Krisenjahre nicht überstehen zu können.

Neben schon damals führenden Autoherstellern Daimler, Audi, Opel und Benz gesellt sich inmitten des Ersten Weltkrieges im Jahr 1916, ein weiterer diesmal bayrischer Mitstreiter dazu, BMW (Bayrische Motoren Werke).

Die BMW waren ein Münchener Unternehmen, das aber aus anderen kleineren Firmen des Luftschiffs- und Flugzeugmotorenbaus hervor ging. Anders als Daimler und Benz entwickelte BMW neben Pkw auch Motorräder.

Das erste und sehr erfolgreiche Model R-32 wurde 1923 in München gebaut.

Obwohl Audi später seinen Standort nach Ingolstadt verlegen wird, blieb Zwickau als Automobilstandort auch nach dem Krieg bestehen. Hier wurden unter dem DDR-Regime die Trabanten, die liebevoll Trabis genannt werden, gebaut.

Zum größten Automobilhersteller der Weimarer Republik entwickelte sich in den 1920er Jahren das Unternehmen Opel. Opel produzierte über 40% der in dieser Zeit abgesetzten Autos, Lastwagen und Motorräder. Obwohl die Verkaufszahlen bei Opel alle Erwartungen übertrafen, machte die Weltwirtschaftskrise auch Opel einen Strich durch die Rechnung.

Nach den goldenen Zwanzigern, war das Jahr 1930 für Opel ein pechschwarzes Jahr gewesen. Die Belegschaft wurde geradezu halbiert.

Im Jahr 1930 war Opel dann nicht mehr zu halten und wurde vom amerikanischen Autoriesen General Motor übernommen. Mit dem Verkauf an die Amerikaner konnte Opel wieder stärker auf das Exportgeschäft hoffen.

In Deutschland war in den schweren Krisenjahren kaum noch was möglich. Opel verlegte sich ganz auf das Überseegeschäft und verkaufte schon 1931 ¾ seiner gesamten Produktion in die USA.

Wie für alle Lebensbereiche und Wirtschaftsbranchen in Deutschland war das Jahr 1933 auch für die Autoindustrie ein gravierender und tragischer Einschnitt. Das Unternehmen Opel überlegte seine

Fertigung ganz in die Staaten zu verlegen, verzichtete jedoch schließlich darauf. Der Preis dieser Entscheidung war anschließend umso höher. Die Nationalisten besetzten die Schlüsselpositionen von Opel mit ihren Leuten und entließen jüdische Angestellte und Arbeiter. Opel wurde, wie viele andere Unternehmen, zum Spielball der Nationalisten.

Ähnlich ergeht es Daimler-Benz. Die Nationalsozialisten verlangten von dem Unternehmen, das es sich stärker in der Rüstung engagiert und seine zivile Produktion zurückfährt. Der damalige Vorstandsvorsitzende Wilhelm Kissel (1885-1942) gehorchte.

Daimler-Benz produzierte in den Folgejahren immer mehr Rüstungsgüter darunter Lastwagen LG 3000 und Flugmotoren wie den DB 600 und DB 601. Es entstanden neue Fertigungswerke, die für die Rüstungsproduktion vorgesehen waren. Eines davon ist das Werk im Berliner Umland in Genshagen.

Im Jahr 1936 wurde es zur Nutzung freigegeben. Es lag in einem Wald. Das war Absicht, denn Daimler-Benz war nun endgültig Teil der Kriegsmaschinerie Hitlers geworden und musste sich entsprechend tarnen.

Über die Mittäterschaft Kissels am Regime sind sich die Historiker nicht vollständig einig. Er kann sowohl ein Mitläufer oder einfach nur ein Karrierist gewesen sein. Einiges spricht aber dafür, dass seine emotionale Bindung stark an die Ideologie der Nationalsozialisten angelehnt war.

Er war ein langjähriges und verdientes Mitglied der NSDAP und erfüllte alle Wünsche und Befehle der Nazis mit sofortiger Wirkung.

Auf den Befehl von Hitler wurde bereits 1933 ein sog. „Volkswagen" angeordnet. Die Nationalsozialisten orderten bei der deutschen Autoindustrie ein Fahrzeug an, dass klein, sparsam, robust und nicht teurer als 990 Reichsmark sein dürfte.

Die Autohersteller wagten es nicht dem Regime zu widersprechen, aber intern, wie bei Opel, hieß es dazu nur, unmöglich, total verrückt, ausgeschlossen.

Die Daimler-Benz Verantwortlichen gaben an, dass unter 2000,- bis 2200,- Reichsmark kein Fahrzeug hergestellt werden kann.

Obwohl keiner an einen Volkswagen glaubte, wurde auf Drängen und Drohen Hitlers am 28. Mai 1934 die „Volkswagen GmbH" gegründet. Die Anteilseigner waren Adler, Auto Union, Daimler-Benz und Opel.

Das Konstrukteuersbüro von Ferdinand Porsche bekam den Auftrag den Volkswagen zu konstruieren. Hitler persönlich sprach Porsche sein ganzes Vertrauen aus. Porsche und Hitler waren zu dem Zeitpunkt bereits gut bekannt. Sie kannten und schätzten sich.

Doch blieb es in den ersten Jahren des Projektes nicht aus, dass Porsche Hitler wiederholt enttäuschte. Die finanziellen Aufwendungen für den Volkswagen wuchsen mit jedem Monat an. Im Jahr 1938 lagen die Entwicklungskosten schon bei 1,75 Millionen Reichsmark.

Hitler kündigte nun 1935 das erste Mal öffentlich die Fertigung eines Volkswagens an. Demnach stieg der Druck auf alle Beteiligten, vor allem aber auf Porsche stetig an.

Daimler-Benz und Porsche begegneten sich bei der Volkswagen GmbH wieder. Die Volkswagen GmbH entschied, dass dieses Auto und seine Prototypen in den Örtlichkeiten von Daimler-Benz entstehen sollen.
Das Jahr 1935 brachte die Volkswagen GmbH überhaupt nicht weiter. Es war nicht mal klar welcher Motor im Volkswagen eingebaut werden sollte. Die Anteilseigner der „Volkswagen GmbH" verloren

sowohl ihr Interesse als auch die Geduld und zogen sich nacheinander geschickt aus dem Vorhaben zurück, an das sie seit Beginn nicht geglaubt haben. Nur Porsche, der werkelte immer weiter, auch dann als eigentlich klar war, dass das Projekt tot war.

Schließlich kam er doch, der „Ur-Käfer Prototyp". Anfang 1936 führte ihn Porsche vor. Die Nazis entschieden den Volkswagen in einem eigenen Werk, unabhängig von bestehenden Herstellern, zu bauen. Das neue Werk von Volkswagen sollte 80 bis 90 Millionen Reichsmark kosten und jährlich über 100 000 Fahrzeuge herstellen.
Die Leitung des Werkes sollte die Deutsche Arbeitsfront (DAF) übernehmen und Porsche sollte für die Konstruktion zuständig sein.

Ab 1937 setzten die Arbeiten an der Fertigungsstätte in Wolfsburg an.
Der Grundstein wurde am 26. Mai 1938 gelegt. Die von Porsche entworfenen Modelle wurden generell als KdF-Wagen (Kraft durch Freude) bezeichnet. In der direkten Nähe des Werkes wurde ein Objekt der Kraft durch Freude gebaut. Die Volkswagen AG sollte ein Propagandaprojekt der Nazis sein. Doch das konnte im Vorkriegsjahr kaum bewältigt werden. Der Bau aller

Anlagen verzögerte sich, da alle Mittel in die Kriegsvorbereitungen flossen. Vor dem Krieg konnte die Massenproduktion des Volkswagen nicht starten. Während des Krieges wurden die Aussichten auf das Auto für jedermann noch schlechter.
Porsche konstruierte von nun an auf der Basis des Volkswagens Fahrzeuge für das Militär.

Ab 1941 fehlten dem Werk auch Arbeiter, denn die meisten Männer wurden eingezogen. In die Produktionshallen der Volkswagen AG kamen KZ-Häftlinge, die unter fürchterlichen Bedingungen leben und arbeiten mussten. Die Zwangsarbeiter aus dem Osten, allen voran Russen, hatten die schwierigsten Bedingungen. Essen gab es für sie kaum und Kleidung außer der Häftlingskleidung keine. So erfroren und verhungerten viele von ihnen in den Wintermonaten auf dem Produktionsgelände des Kraft durch Freude Wagens.

In den Kriegsjahren wurden gar keine zivilen Fahrzeuge in Wolfsburg gebaut, stattdessen fertigten die Zwangsarbeiter rund 65 000 Militärfahrzeuge, Motoren, Bomben und Panzerfäuste, sowie die geheime Wunderwaffe V1, eine Rakete, die eine Wende im Krieg bringen sollte.

Am 11. April 1945 befreiten die Amerikaner das Werk und die Stadt Wolfsburg.

„Und was macht Porsche?"

Ferdinand Porsche hat sich schon vor dem Einmarsch der GI, wie viele andere Nazis, in die Alpen geflüchtet. Sie hofften, dass dort die Alliierten es nicht schaffen. Porsche mit Familie und seinen Mitarbeiter zogen ins österreichische Gmünd in Kärnten.

Im Jahr 1945 wurden Ferdinand Porsche und sein Sohn Ferry Porsche auf die Anordnung der Franzosen hin verhaftet. Ihnen wurde vor allem vorgeworfen, dass die Leiter, Fachleute, Anlagen und Mitarbeiter aus an Peugeot Werken in Frankreich während des Krieges entführt, gestohlen und anschließend zur Zwangsarbeit in Wolfsburg degradiert zu haben.

In einem Gerichtsverfahren 1947 konnte Porsche einen Freispruch erreichen, da ihm keine direkte Verantwortung für die Verbrechen der Nazis nachgewiesen werden konnte.

Auf freien Fuß beantragte Porsche erst mal wieder seine alte österreichische Staatsbürgerschaft, die er 1934 dem Führer zuliebe so bereitwillig gegen die deutsche ausgetauscht hatte. Doch das ging nicht. Österreich nahm ihn nicht wieder als Staatsbürger auf.

Da er nicht mehr nach Österreich zurückkehren konnte, versuchte er sich mit Volkswagen zu einigen.
Hier ging schon 1945 die Produktion des zivilen Volkswagens, des „Käfers", der von Porsche konstruiert wurde, los. Es gab also was zu holen für Porsche und das wusste er sehr gut zu nutzen.

Im Jahr 1948 war der neue Vertrag unterschriftsreif. Porsche bekam eine regelmäßige hohe Vergütung und Lizenzvergütungen in Abhängigkeit von den Listenpreisen. Mit diesem prächtigen Kapitalstock ausgestattet ging die Familie Porsche nach Stuttgart und gründete dort ein neues Unternehmen.
Der Sohn, Ferry Porsche spielte in dem neuen Werk, das sich auf Sportwagen spezialisiert hatte, eine immer wichtigere Rolle und übernahm die Firma, als Ferdinand Porsche 1951 starb.

Die Porsche Werke in Stuttgart-Zuffenhausen gingen 1950 in die Massenproduktion. Der Fokus lag auf sehr schnellen Modellen, die über 140 km/h erreichen. Auf den Rennpisten Europas feierten sich Porsche Modelle von Sieg zu Sieg.
In den 1960ern entstand das wichtigste Auto des Herstellers, der Porsche 911. Das Modell wird zu einer Legende und zum Inbegriff für ein schnelles und luxuriöses Fahrzeug.

Für die Auto-Union waren die Kriegsjahre wenig erfolgreich. Der Zweitakter und die Karosserien, die noch teilweise aus Speerholz waren, stellten für die Naziarmee keinen Wert dar. Sie eigneten sich schlicht nicht für die Rüstung.

Nach dem Kriegsende lagen die Fertigungswerke in der sowjetischen Zone und das Unternehmen wurde verstaatlicht. Da aber eines der Lager im bayrischen Ingolstadt lag, haben sich die Eigentümer schnell an diesen Standort geflüchtet.

Im Jahr 1948 wurde die Auto Union GmbH in das Ingolstädter Handelsregister neu eingetragen. Die Produktion und der Absatz hängten den anderen westdeutschen Herstellern jedoch hinterher.

Die Auto-Union GmbH brauchte in den 1950er Jahren dringend neue Investoren. Man wendete sich zuerst an Daimler-Benz, das die Auto Union im im Jahr 1958 zu über 88% übernahm. Doch nicht für lange, denn kurze Zeit später wurde die Auto Union an Volkswagen AG veräußert.

Ab 1965 lautete die Marke, unter dem Dache von Volkswagen, nur noch Audi.

In den 1950er Jahren stoßen die Neuzulassungen von Pkw in die Höhe. Es waren Privatkäufer, die sich ein

Auto für ihre privaten Bedürfnisse anschaffen wollten. Während um 1950 etwa 10% der verkauften Fahrzeugean Privatpersonen gingen, waren es 1970 schon über 50%. Der massive Boom bei Pkw in Deutschland setzte an.

Die Dekaden der 1950er und 1960er waren bestimmt von den Erfolgen kleiner Autos, wie des Käfers von Volkswagen und des Isetta von BMW. Erst Ende der 1960er kam auch der Erfolg für sportliche und besser ausgestattete Fahrzeuge. BMW ging hier mit den Modellen 1500er-1700er voran und setzte entsprechende Trends.

Im Jahr 1970 in der Ölkrise gab es für die deutsche Nachkriegsautomobilindustrie den ersten Rückgang der Produktionszahlen und Verkäufe. Die Gewinne der Branche schrumpften erstmals.
Die Branche reagierte mit einer inneren Umstrukturierung. Waren bis dahin die meisten Autoteile im Werk selbst produziert worden, so wurde nach 1970 mit der Verlagerung der Produktion an Zulieferer begonnen. Viele Zulieferer ließen sich in direkter Nachbarschaft der großen Standorte nieder, so dass von Clustern et cetera. gesprochen werden kann, die noch heute die Regionen, rund um Stuttgart oder

auch Ingolstadt und München, prägen.

Einige Autohersteller gingen aber auch dazu über, ihre Zulieferer im Ausland zu suchen. Hier waren es gerade in den 1980er Jahren Spanien und Portugal, später Polen und Tschechien.

Ende der 1990er Jahre bis zur Finanzkrise in den USA 2007/8 befand sich die deutsche Automobilindustrie auf einen Wachstumskurs. Die wachsenden Exportzahlen schlugen sich aber nicht in den Beschäftigungszahlen wieder. Neue Stadtorte entstanden da, wo gerade viel Absatz erwartet wurde, insbesondere China und später Brasilien.

Die deutschen Beschäftigten hatten davon relativ wenig. Seit 1990 geht der prozentuale Anteil der Beschäftigten im produzierenden Gewerbe in Deutschland zurück zu Gunsten der Dienstleistungen. Zwar konnte die Automobilindustrie die Zahl ihrer Beschäftigten in den letzten beiden Jahren erhöhen, was jedoch nichts an den Rückgängen der Beschäftigtenzahlen in den 1990ern und 2000er Jahren ändert, als die Automobilbranche sich umstrukturierte. Auffällig ist hier eine wachsende Pendelbewegung und Dynamik in den Beschäftigungszahlen. Während die Autoindustrie abrupt im Jahr 2010 ihre

Beschäftigtenzahl auf 700 000 reduzierte, stellte sie bis 2016 wieder 100 000 Mitarbeiter ein. Es wird also schnell entlassen und anschließend wieder schnell eingestellt. Ein Wechselbad der Gefühle für die betroffenen Mitarbeiter.

Mit der Finanzkrise kam es erstmals zu dem Fall, dass einer der ursprünglich deutschen Autohersteller, Opel, aus dem Wettbewerb ausscheidet und schließen muss. Die Krise von Opel konnte aber behoben werden.

Im Jahr 1970 wurde Deutschland, nach den USA, zu den führenden Autoherstellern der Welt. Die Produktion in Deutschland erreichen einen Wert von knapp unter 4 Millionen. Bereits zwei Dekaden später, im Jahr 1990 wuchs diese Zahl auf knapp 5 Millionen an. Bis zum Jahr 2007 ging der Aufstieg der Fertigungszahlen ungebrochen voran.

Seit der Finanzkrise 2007/2008 und der zunehmenden Verlagerung der Fertigung ins Ausland gehen die Zahlen der in Deutschland hergestellten Fahrzeuge zurück. Für das Jahr 2016 lag die Zahl knapp über 6 Millionen, was aber unter der Rekordproduktion von 2006 liegt. Die deutschen Automobilhersteller sind zu Global Playern des Weltmarktes geworden.

Volkswagen liegt an dritter Stelle weltweit, wenn es um die Produktion von Autos geht. Daimler-Benz steht an zwölfter Stelle, wobei hier Lkw und Busse in den Stückzahlen deutlich ins Gewicht fallen. Knapp dahinter auf Platz 14. steht BMW mit rund 2 Millionen produzierten Pkw und Motorrädern.
Bezogen auf die absoluten Verkaufszahlen ist VW seit 2016 mit über 10 Millionen Autos die absolute 1. auf der Welt. Die Autonation.de erwachte. Sie erwachte aber in ihrer großen Masse als Autofahrernation.

In den Jahren 2016 und 2017 sind in Deutschland über 45 Millionen Autos im Gebrauch. Noch nie waren so viele Autos angemeldet, wie in den letzten beiden Jahren.

In den 2000er Jahren sah es fast so aus, als könnte Deutschland aufs Fahrrad, Bus & Bahn umsteigen, denn die Zahlen gingen auf 38 Millionen zurück. Doch weit verfehlt seit dem Wirtschaftsaufschwung geht die Zahl der Pkw in Deutschland in großen Schritten hoch. Die meisten Zuwächse verzeichnen das Saarland, Rheinland–Pfalz und Bayern, hier gingen die Zulassungszahlen um über 50% hoch. Die Automuffel wohnen in Berlin und Bremen, hier gab es die geringsten Veränderungen in den letzten Jahren.

Bei den Automodellen sind Deutsche ebenso ihren Herstellern treu, wie bei Lastwagen und Nutzfahrzeugen. Die beliebtesten Automodelle in Deutschland stammen alle von deutschen Herstellern. Das Modell VW Golf III-V ist das absolut beliebteste Modell in Deutschland. Gleich danach folgt Mercedes mit seiner C-Klasse.

Bei den Antriebsstoffen sind deutsche Verbraucher noch relativ konservativ. Über 2/3 fahren Benziner mit einem Ottomotor. Gas angetriebene und kombinierte Motoren die zwischen Gas und Benzin pendeln sind in Deutschland eine Seltenheit und liegen unter 1,00 %. Mehr noch gehen die Zulassungen für Gasantriebe seit 2008 stark zurück.

Jenseits des Benziners gibt es in Deutschland eigentlich nur den Diesel. Hier liegt der Wert bei knapp unter 12 Millionen. Der Anstieg ist hier deutlich und stetig, wobei die höchsten Zunahmen in den 2000er Jahren erzielt wurden.

Elektroautos sind in Deutschland noch kein relevantes Thema. Die Stückzahlen liegen hier weit unter einem Prozent. Die Zahl der verkauften Hybridwagen steigt aber seit wenigen Jahren an. Werden diese aktuellen Verteilungen in den historischen Abriss seit 1970 einbezogen, so ist deutlich erkennbar, welche wichtige

Rolle hier die Modellpolitik der Hersteller gespielt hatte.

Als in den 1980er Jahren Volkswagen den beliebten Golf TDI auf den Markt brachte, gingen die Zahlen für Dieselmotoren erstmals auf über eine halbe Million hoch. Ähnliche Entwicklungen spielten Mitte der 1990er Jahre eine Rolle, als Mercedes und BMW mit schnellen sportlichen Lösungen für Dieselmotoren nachzogen.

Die meisten Fahrzeughalter in Deutschland sind zwischen 40-55 Jahre alt und männlich. Allein auf diese Gruppe entfallen rund ¼ der Fahrzeuge in Deutschland. Hierbei ist aber nicht auszuschließen, dass sie Halter von Fahrzeugen sind, die von ihren erwachsenen Kindern genutzt werden, weil in der Altersgruppe 18-25 Jahre auffällig wenige Autohalter angeführt werden.

Auffällig ist auch die hohe Zahl an autofahrenden Senioren in Deutschland. Die Zahlen der Altersgruppe 70+ liegt weit höher als der 18-24-Jährigen. Autos waren und sind heute noch ein Kultobjekt.

Der Volkswagen T, wurde zum Inbegriff der Familienkutsche oder auch der freiheitsliebenden Surfer, die gleich mit Sack und Brett auf dem Dach den Sommer in der Nähe des Strandes verbrachten.

Das Auto wurde meist am Samstag gewaschen, nicht selten poliert und gewachst.

Daimler-Benz, Volkswagen und Co. eroberten die Weltmärkte.

Volkswagen ist aktuell die stärkste ausländische Automarke auf dem Weltmarkt. Sicher ist die Automobilwirtschaft von großer Bedeutung für den deutschen Export, aber es ist vor allem eine politische sehr einflussreiche Branche.

Wie bereits aus der Geschichte der Automobilindustrie erkennbar wurde, gab es seit dem Beginn der Autogeschichte Verflechtungen mit der Politik, sei es, dass die Politik begehrlich auf die Kfz-Steuern schaute, oder auch als Finanzierer und sogar Besitzer von Standorten aufgetreten ist.

Bis heute gehören dem Niedersächsischen Bundesland und seinen Landesbanken mehr als 20% der Stammaktien der Volkswagen AG.

Die Verflechtung zwischen der Politik und der Automobilwirtschaft lässt sich vor allem am auffälligen und teilweise sehr erfolgreichen Lobbying der Branche festmachen, das bereits in den 1980er Jahren ewig dieselben und teilweise unkonkrete Argumente hervorholt. Der Verband der Automobilindustrie (VDA) argumentiert eigentlich immer über die hohen

Beschäftigungszahlen in der deutschen Autoindustrie. Bei diesen Horrorangaben handelt es sich aber um alle Arbeitsplätze in Deutschland, die in irgendeinem Zusammenhang mit dem Auto stehen, z. B. Rastplatzmitarbeiter.
Der VDA rechnet sich die Beschäftigtenzahl, die vom Auto abhängt, künstlich hoch, um bei der Öffentlichkeit und Politik Druck auszuüben.

„Oder glauben sie etwa, dass wenn es Volkswagen etwas schlechter geht, die Dame mit dem kunstvollen weißen Tellerchen am Eingang der Toilette an der A24-Raststätte Stolpe, ihren Job verliert?"
Nein keineswegs, ihre Kunden werden, einfach nur mit einem Renault oder einem Tesla vorfahren.

Kapitel 2.0

Der Dieselskandal und seine Folgen.

Der Absatzmarkt für Autos ist für die deutsche Autoindustrie weniger Deutschland selbst oder auch die Europäische Union, sondern bevorzugt die mutmaßlichen Wachstumsmärkte in den Vereinigten Staaten und in China.

In den USA werden jährlich rund 17,5 Autos neu gekauft. In der gesamten EU sind es etwa 16 Millionen und in China sind es mittlerweile 24 Millionen.

Die restlichen Teile des Globus sind für die Autoindustrie weniger interessant. Es zählen eigentlich diese drei zentralen Autoabsatzmärkte.

Das Interesse der deutschen Hersteller am amerikanischen Markt konzentrierte sich lange auf das Segment großer, luxuriöser und teuer Modell der Hersteller Mercedes, BMW und Audi. Mit dem Aufstieg der sog. SUV und kleineren Fahrzeugen in den USA weitete Volkswagen seine Interessen in den USA weiter aus. Volkswagen nahm sich bereits

Anfang der 2000er Jahre vor den Absatz in den USA zu steigern. Doch die Krisenjahre ließen den Wolfsburgern wenig Raum für die Steigerung der Absätze im stark umworbenen Mittel- und Kleinwagensegment. Man suchte nach einer Nische. Diese wurde im Segment der Dieselfahrzeuge aufgespürt.

Die Amerikaner haben extrem strenge Umweltrichtlinien Bin-5 Lev II eingeführt, die von europäischen Dieselfahrzeugen nicht erreicht werden konnten. Die europäischen Grenzwerte waren deutlich höher.

Der erste Versuch der Wolfsburger den us-amerikanischen Markt mit Dieselfahrzeugen zu erobern bremsten die hohen Schadstoffwerte des damals neuen Motorentyps EA 189 aus. Das Problem liegt in der Stickoxid-Reinigung mittels Harnstoffeinspritzung, die sehr aufwendig ist. Erst eine mutmaßliche General Überarbeitung des neuen Motorentypus zum sog Clean Modell, ermöglichte einen aussichtsreichen Export in die USA. Die Argumentation folgte nicht der gewöhnlichen Umweltrichtlinie Bin-5 Lev II, die in den USA für Dieselfahrzeuge im Bundesgebiet obligatorisch war, sondern der freiwilligen SULEV, Stufe 2, die von der kalifornischen Carb getestet wurde. Diese besonders strenge Norm wurde 2004 eingeführt. Sie gilt nur dann, wenn der Fahrzeughersteller sich darauf berufen will umweltschonender zu sein als andere. Sie ist damit wie ein Premium Zertifikat zu Marketingzwecken.

Statt eine Stickoxid-Reinigung vorzunehmen setzte VW die günstigen NOx-Speicherkatalysatoren ein und ließ sie von einer Software steuern. Diese Software stellt sich auf die Messsituation im Labor ein und führt dazu, dass Messungen die niedrigen us-amerikanischen Grenzwerte für Stickoxid erfüllen.

Die Entscheidung diese Manipulationssoftware zu verwenden ‚fiel nach aller Wahrscheinlichkeit bereits in den Jahren 2005 und 2006. Nach heutigen Ermittlungserkenntnissen haben sehr hohe Verantwortliche des Konzerns diese Entscheidung getroffen.
Ab 2008 setzt VW zur erneuerter Aktivität auf dem us-amerikanischen Markt an, dazu gehört auch die Offensive der Wolfsburger mit mittelgroßen sportlichen Fahrzeugen mit Dieselmotor, hier allen voran der VW Jetta Sedan Clean. Dieselmotoren sind

in den Vereinigten Staaten noch ein Nischenmarkt. Der Anteil von Dieselmotoren liegt hier unter dem Wert von 5%. Genau diese Marktnische wollte Volkswagen in seiner Strategie nutzen. In den USA sollten die Marktanteile von VW durch aggressives Marketing erreicht werden, welches die Umweltfreundlichkeit, Robustheit und Seriosität deutscher Fahrzeuge hervorhob. Die Kampagne hatte durchaus Erfolg.

Doch zogen bereits die ersten dunklen Wolken an VW heran. Ein VW-Techniker gab schon 2010 dem deutschen Wirtschaftsmagazin Wirtschaftswoche erste Hinweise darauf, dass VW seine Abgaswerte in den USA manipuliert. Diese Story gelangte aber nicht in den Mainstream und wurde in ihrer Brisanz schwer unterschätzt.

Bereits im Jahr 2014 hat es VW geschafft den Dieselmarkt in den USA zu dominieren. Acht von zehn Fahrzeugen mit Dieselmotor im Jahr 2014 waren von VW.
Genau auf dem Höhepunkt des Erfolges von VW in den USA beginnt die Geschichte seines Niedergangs, denn im Mai 2014 signalisierte die Non-Profit Organisation International Council on Clean Transportation (ICCT) den us-amerikanischen

Behörden erstmals Auffälligkeiten bei den Messwerte bei den Erfolgsmodellen, US-Jetta und US-Passat. Die ICCT geht rein wissenschaftlichen Datensammlungen nach, die sie den US Behörden zugänglich macht.

Für die Schadstoffmessungen der ICCT standen VW Jetta Clean, VW Passat und ein BMW 5er zur Verfügung.

Mercedes entzog sich dieser Messung indem es kein Fahrzeug bereitgestellt hatte. Im Ergebnis war nur der BMW 5er bei den Messwerten unter normalen Bedingungen außerhalb des Labors unter den Grenzwerten geblieben.

Die Abweichungen bei den VW Fahrzeugen waren hingegen enorm. Die unter Laborbedingungen getesteten Fahrzeuge wiesen andere Werte aus, als Untersuchungen unter normalen Fahrbedingungen. Auf herkömmlichen Straßen gefahrene Dieselfahrzeuge von VW wiesen um das mehrfache höhere Schadstoffausstoß Werte aus. Die ICCT gab aber weder Verdachtsmomente noch Beweisunterlagen bekannt.

Nach diesem Bericht wurden die US- Umweltbehörde EPA und die kalifornische Luftreinheitsbehörde Carb mit weiteren Untersuchungen betraut. Die EPA und die Carb können die Hinweise, die ihnen die ICCT zukommen ließ, bestätigen. Volkswagen wird öffentlich mit den Ergebnissen konfrontiert und entscheidet sich, rund eine halbe Million Fahrzeuge zurückzurufen, um die Vorwürfe selbst zu untersuchen und zu korrigieren. Der Konzern beteuerte die Abgaswerte durch ein Softwareupload wieder in die gewünschte Richtung regulieren zu können.

Doch ist das Ergebnis nicht zufriedenstellend gewesen. Kurz danach führt die Carb erneut ihre Kontrollen durch und kommt wiederholt zu dem Ergebnis, dass die Grenzwerte um das Mehrfache überschritten werden. Danach beginnen die us-amerikanischen Behörden zu handeln und verlangen von VW eine endgültige Erklärung, sonst würden sie im Jahr 2016 die Anmeldung aller Dieselfahrzeuge von VW in den USA blockieren.

Davor kam es in der Führungsspitze von VW bereits zu den ersten Konsequenzen. Der langjährige und in der deutschen Autoindustrie legendärer Ferdinand Piech trat Ende April 2015 zurück.
Etwa ein Monat später beendete der Vorstandsvorsitzende Martin Winterkorn seine Karriere bei VW. Am 3. September folgt das offizielle Geständnis von VW. Sie geben zu, dass die

Dieselfahrzeuge in den USA mit einer bestimmten Abschaltvorrichtung in digitaler Form versehen worden sind. Diese würde in der Kontrollsituation den Ausstoß verhindern.

Rund zwei Wochen später richtet die EPA den Vorwurf des Rechtsverstoßes gegen VW. Der Manipulationsfall von Dieselfahrzeugen bei VW wird von nun an, als ein juristisches Verfahren behandelt. Die Justizbehörde erhebt demnach Anklage gegen einzelne VW Mitarbeiter wegen organisierten Betruges und dem Verstoß gegen Umweltgesetze.

Im den Folgemonaten kommen weitere Manipulationsskandale bei weitere VW-Modellen, Audi Fahrzeugen und Porsches ans Licht.

„Sind die Diesel wirklich schuld an der Luftverschmutzung?"
Die Industrie hat durch den Einbau von Partikelfiltern und Abgasreinigungssystemen den Ausstoß an Stickoxid und Feinstaub durchaus gesenkt. Doch mit dem SUV-Trend kamen auch immer mehr und größere Diesel auf den Markt. Klar ist, dass die Diesel-Pkw die Hauptverursacher für Feinstaub sind. Von ihnen stammen 67 Prozent der Emissionen, von den Lkw

dagegen nur 22 Prozent. Feinstaub kann Schleimhautreizungen, Bronchitis, Thrombosen und Herzerkrankungen auslösen. Jährlich erkranken und sterben in Europa mehrere Hunderttausend an den Folgen des Feinstaubs, warnt das Bundesumweltamt.

„Wie groß ist der Schaden, den die Dieselkrise der Wirtschaft zufügen kann?"
Für Marcel Fratzscher, Chef des Deutschen Instituts für Wirtschaftsforschung, ist die Autoindustrie eine Schlüsselindustrie.

„Eine Krise der Automobilindustrie ist eine Gefahr für die gesamte deutsche Volkswirtschaft."
Zwar trägt die Autoindustrie nur drei Prozent zum Bruttoinlandsprodukt bei und beschäftigt in Deutschland direkt nur 800.000 Mitarbeiter. Hinzukommen aber die indirekt Beschäftigten. Zudem trage die Autoindustrie maßgeblich zum guten Image von „Made in Germany" bei.

„Wird der Diesel steuerlich privilegiert?"
Ja, die deutsche Politik subventioniert den Diesel seit Jahrzehnten. Diesel-Fahrer müssen weniger Mineralölsteuer zahlen.
„Welche Strafen drohen Autobauern?"

„Ein mögliches Auto-Kartell kann einige Milliarden Euro an Strafzahlungen nach sich ziehen", sagt Stefan Bratzel von der FH Bergisch Gladbach.

Die Spielregeln der Europäischen Union sehen vor, dass diese Bußgelder von bis zu zehn Prozent des Jahresumsatzes verlangen kann. Damit könnte allein bei Volkswagen ein Bußgeld von bis zu 21 Milliarden Euro fällig werden. Branchenweit drohen 40 Milliarden.

Die EU greift hart durch, hat die Zehn-Prozent-Regel aber noch nie ausgeschöpft.

Kapitel 3.0

Elektromotoren.

Elektromotoren Ihre Wirkungsweise beruht darauf, dass Magnetfelder infolge Induktion auf elektrische Ströme Kräfte ausüben. Daraus ergeben sich Beschränkungen: Wechselstrommotoren arbeiten meist mit konstanter Umdrehungszahl. In Fällen, wo ein Betrieb mit variabler Geschwindigkeit notwendig ist, z. B. in Fahrzeugen, müssen Gleichstrommotoren zur Anwendung kommen.

Große Aggregate erzielen ausgezeichnete Wirkungsgrade bis zu 95%. Allerdings ist die Belastbarkeit bei Dauerbetrieb durch die hohe Erwärmung begrenzt.

Elektromotoren sind in Europa erst am Anfang, obwohl alle namenhafte Hersteller Elektromotoren und Hybrid im Angebot haben. Doch die Audi A3 Sportback e-tron, BMW 740e-Drives und Porsche Panamera SE-Hybrid bleiben unter den Erwartungen, was den Absatz angeht. Gerade deutsche Kunden ziehen Dieselmotoren und Ottomotoren vor. Im Jahr werden in Deutschland rund 3 Millionen Fahrzeuge neu angemeldet und davon sind nicht 1% Elektroautos. Bei dem Hybridantrieb sieht das Ergebnis etwas besser aus, aber auch nicht entscheidend.

Hersteller wie BMW und Mercedes verzeichnen bei ihren Elektromodellen eine Stagnation seit Beginn des Jahres 2016.

Anders dagegen im europäischem Ausland, wo in Norwegen und Dänemark der Anteil von Elektroautos bei Spitzenwerten von 30% liegt.

Es ist nicht von der Hand zu weisen, dass die deutschen Hersteller bereits vor Jahren auf das steigende Umweltbewusstsein der deutschen Verbraucher eingegangen sind. Das Modell Lupo von Volkswagen ist das beste Beispiel dafür. Verbrauchsarm, aber spritzig und ideal für die Stadt, so war der Lupo. In der Werbung klang es gut.

In der Praxis nicht. Das Modell wurde nach wenigen Jahren wieder vom Markt genommen, weil es kaum Absatz fand.

Es gibt aber auch Erfolgsmodelle, wie Smart, A1 oder Mini, die es geschafft haben. Die Hersteller haben die Verbrennungsmotoren, sowohl Diesel als auch Benziner, seit 2000 stark optimiert. Der Verbrauch in diesem Segment ist im Gesamtdurchschnitt um 20-25% zurückgegangen. Der A1 verbraucht bei entspannter aber auch überholintensiver Strecke auf der Bundesstraße nicht mehr als 3,5 Liter Benzin. Die Fahrweise auch bei kleinen Autos und Diesel wurde verbessert. Die Leistung bei kleinen Motoren stieg an und erfüllte die Wünsche der Kunden.

Mit dem Kauf eines kleineren aber vollumfänglich sportlichen Autos konnten sie sowohl ihrem Gewissen als auch ihrer Fahrleidenschaft folgen. Eine rundum gute Kombination, die bis heute Früchte trägt.

„Weshalb entscheiden sich deutlich weniger Deutsche für ein Elektroauto als Norweger?"

„Liegt es an den deutschen Herstellern?"

Da sind die Meinungen geteilt. Zwar sind die Produktpaletten inzwischen erweitert worden und die Auswahl ist ausgesprochen groß, aber wohl nicht für den Kunden. Bei Umfragen bei Verbrauchern heißt es dazu häufig, dass darunter nichts ist, was das Interesse der Verbraucher wecken würde.

„Ist es das Geld?"

Wohl kaum, da die Preise für Elektroautos nicht entscheidend höher liegen, als bei den anderen Neuzulassungen. Die Preise liegen hier im Schnitt bei 30 000–40 000 Euro. Es kommt hinzu, dass der Staat den Kauf eines Elektroautos sogar mitfinanziert. Es gibt beim Kauf einen sog Umweltbonus von 4000 Euro sofern der Kaufpreis in der Summe nicht höher als 60 000 Euro liegt. Doch kaum ein Käufer nutzt den großzügigen Umweltbonus. Im Fördertopf blieben 2016 über 90% der Fördergelder ungenutzt.

Für die Hersteller hat der deutsche Staat beim Thema Forschung und Entwicklung schon mehr als genug getan. Hier gibt es allein für das Jahr 2017 zwei Milliarden Euro für Forschungszwecke.

„Und was ist mit dem Fahrspaß?"
Das alte Vorurteil mit dem Elektroauto kommt man nicht weit, gilt nicht mehr wirklich. Aktuell sind Reichweiten zwischen 200–500 Kilometer Standard. Ladestationen sind aktuell in Deutschland noch ein Problem. Es gibt keine gute Flächenversorgung, aber das Problem versucht man gerade zu beheben. Und hier ist natürlich der Staat auch dabei und baut fleißig die neuartigen Zapfsäulen ohne Schmiere und ohne Dämpfe aus.
Die logische Antwort darauf, weshalb das Elektroauto in Deutschland noch wenig Absatz findet ist das herkömmliche Gefühl, dass ein Elektroauto eben „noch" kein echtes Auto ist. Es stinkt nicht, es blubbert

nicht und es schnurrt nicht. Der Marktführer unter den Elektroautos ist Tesla. Ein sehr hochwertiges Fahrzeug, das nur auf Elektromotor setzt. Die relativ junge Marke entstand 2003 in den USA und ist stellvertretend für die Entwicklung in den Staaten, an der VW gescheitert.

Denn trotz anderslautender Berichte legen Amerikaner und hier insbesondere die Kalifornier sehr viel Wert auf frische Luft und Umweltschutz, weshalb sie sehr niedrige Emissionsgrenzen haben. Das belegt auch die Tatsache, dass die meisten der 2 Millionen Elektroautos weltweit in den USA gefahren werden.

Interessant ist vor allem das Marktsegment, das Tesla als Elektroauto anspricht. Es sind eben nicht die bescheidenen und umweltfreundlichen Verbraucher, sondern preispotente Personen und mit vielen Extras ausgestattete Autos.

Genau diese Überschneidung mit Mercedeskunden, die ebenfalls an Luxus und Prestige orientiert sind, führte wohl dazu, dass Daimler–Benz mit knapp 10% bei Tesla eingestiegen ist und die Unternehmen im Bereich der Motorenentwicklung inzwischen zusammenarbeiten.

Die Auto Bild geht davon aus, dass das neuste Modell von Tesla, sofern man die Subventionen dafür abgreift je nach Ausstattung in Deutschland rund 21000-40000 Euro kostet.

Kapitel 4.0

Veränderungen der Mobilitätsbedürfnisse.

Wenn man über Autos nachdenkt, muss man mitbedenken, dass damit der Individualverkehr gemeint ist. Dabei ist es unklar ob diese Art der Mobilität morgen noch aktuell sein wird. Schon heute ist gerade bei den jüngeren Generationen ein starker Rückgang des Bedürfnisses ein Auto besitzen zu wollen zu beobachten. Das Auto verliert an Status gerade unter jungen Menschen und den Besserverdiener.
Ein Rucksack Trip nach Nepal oder ein Sabbatjahr mit den Kindern ist hier viel wichtiger, als ein Gegenstand mit viel Blech und vier Rädern.

Die meisten deutschen Städte und Kommunen bemühen sich um eine Verbesserung der Mobilitätsvielfalt in ihren Gebieten. Das vordergründige Ziel besteht zumeist aus der Begrenzung des Individualverkehrs mit privaten Pkw. Gleichzeitig aber denken viele Kommunen inzwischen weiter und sprechen von einer generellen Mobilität, womit auch die Inklusion älterer und behinderter Menschen inbegriffen ist. Dieses Interesse gilt im Besonderem für die Stadt Leipzig. Leipzig gelang es ein sehr gutes ÖPNV-System zu schaffen, aber auch mit kreativen Ansätzen den Individualverkehr mit Fahrradwegen et cetera. zu fördern.

Zu diesem Mobilitäts Konzept wird auch das Carsharing Konzept der Stadt Leipzig „teilAuto" gezählt.

Beim Konzept teilAuto handelt es sich um ein stationenorientiertes Angebot. Äquivalente Angebote von teilAuto werden auch in anderen deutschen Städten realisiert.

So z. B. in Tübingen, das bereits seit 1993 das Carsharing kommunal anbietet. Das heutige Tübinger teilAuto geht auf eine anfangs gemeinnützige Vereinsinitiative zurück und ist heute zu einem erfolgreichen Wirtschaftsunternehmen geworden. Die Tübinger Flotte hat im Jahr 2013 110 Autos zur Verfügung gehabt und rund 2300 Mitglieder bedient.

Eine Studie zum Erfolg des Leipziger Konzeptes stellte jedoch fest, dass die demographische Situation Leipzigs einem wirklichen kommerziellen Erfolg des Konzeptes entgegensteht. Da Leipzig sich zwar aktuell demographisch wegen der Reurbanisierung besser entwickelt, als in den zurückliegenden Dekaden, so ist die Stadt mehrheitlich mit Bürgern im Alter von 50+ konfrontiert. Diese Bevölkerungsgruppe drückt kein Interesse am Carsharing aus.

Wie eine städtische Studie belegen konnte, ziehen ältere Stadteinwohner im Gegensatz zur Bevölkerungsgruppe zwischen 25-35 Jahren, andere Mobilitätsangebote dem Carsharing vor.

Anders hingegen die Situation in Tübingen. Als kleine Universitätsstadt ist es Tübingen gelungen das Carsharing Konzept teilAuto zum kommerziellen Erfolg zu führen. Für die besonders preisbewussten und studentischen Kunden sind Online-Communitys, wie BlaBlaCar, eine gute Alternative.

Darunter ist BlaBlaCar die europaweite und größte Community-App, die Autofahrer und Mitfahrer zusammenbringt. Die Mitfahrer beteiligen sich an den Fahrtkosten entsprechend eines Richtwertes, der aber um bis zu 50% vom Fahrer selbst bestimmt wird. In der Folge können Community Mitglieder besonders kostengünstig Mitreisen.

Es kommt hinzu, dass einzelne Universitäten aber auch das Soziale Netzwerk Facebook zunehmend in Mitfahrvermittlung Formen investieren. Bei Facebook nehmen die Pendler Gruppen stark zu, während die Applikationen wie z. B. Flink, Möglichkeiten für Städte und einzelne Hochschulen schaffen schnell und in direkter Umgebung Mitfahrmöglichkeiten zu finden.

Aktuell schwerpunktmäßig thematisiert wird die Smartphone Applikation Uber, die Fahrtanbieter und Fahrtsuchende in Echtzeit zusammenbringt. Die Applikation ist in Deutschland seit 2011 aktiv. In Deutschland ist Uber lediglich in urbanen Räumen und den Metropolen relevant.

Perspektivisch schwer einzuschätzen bleibt auch die Wirkung von Free-Floating-System Carsharing Formen oder auch Uber, die womöglich zukünftig nicht nur auf rein urbane Beförderung, sondern auch auf den Fernverkehr setzen könnten.

Im Gegensatz zu den Carsharing Konzepten sind im Falle der Autovermietungen keine Auffälligkeiten in Bezug auf die regionalen, lokal und demographischen Begebenheiten zu beobachten.
Bei der Abwicklung hingegen fällt der bürokratische Aufwand deutlicher ins Gewicht, als bei den vorherigen Konzepten. Kaution und Versicherung werden hier im Rahmenvertrag variabel erfasst.

Der Mieter eines Fahrzeugs muss seine Fahrtüchtigkeit mit einem eigenen Führerschein belegen. Die Kosten werden je Unternehmen unterschiedlich gehandhabt. Die Tarife können auf Tage, Stunden oder auch gefahrene Kilometer ausgerichtet sein. Häufig richten sich die Tarife nach den Wochentagen.

In der Woche werden die Fahrzeuge häufig von Geschäftsleuten genutzt, während am Wochenende die Freizeitfahrten und Umzüge stattfinden. Wegen der Firmen- und touristischen Nutzung haben viele Autovermieter ihre Stationen an den zentralen Orten, wie Flughäfen und großen Bahnhöfen.

Die Fahrzeuge müssen aber beim selben Verleiher abgegeben werden, was im Vergleich mit dem Station unabhängigen Carsharing deutlich umständlicher ist. Um die Auslastung der Fahrzeuge dauerhaft zu gewährleisten, gibt es verstärkt Kooperationen zwischen den traditionellen Autovermietungen und den Carsharing Firmen.

Bezüglich der Entwicklung des Carsharings seit seiner Entstehung in den 1980er Jahren ist deutlich zu erkennen, dass das Carsharing nicht nur den Aspekt der Umwelt und Klimafreundlichkeit präsentiert, sondern zunehmend schlicht zu einem wirtschaftlichen Geschäftskonzept geworden ist.

In dieser Entwicklung spiegelt sich auch die Öffnung dieses Geschäftsfeldes für neue Kundengruppen und Kooperationen wieder.

Mit dem Einstieg des Automobilherstellers Citroën mit dem Carsharing Konzept „Citroën Multicity," wurde sogar ein rein auf Elektroauto ausgelegtes Marktangebot geschaffen.
Hinzukommt, dass z. B. Flinkster, das größte Carsharing Unternehmen, das in Deutschland im Jahr 2016, 100 Elektrofahrzeuge in seiner Flotte hat.

Diese Integration der Elektrofahrzeuge in die Carsharing Konzepte macht aus der Sicht der Nachhaltigkeit Sinn und wird auch Marketing strategisch genutzt. Technisch ist diese Integration kompliziert.

Die Elektrofahrzeuge haben eine durchschnittliche Reichweite von 150–200 Kilometern, weshalb sie stärker, als die Normalfahrzeuge von der Präsenz der Ladestationen abhängen. Aus der Sicht der durchschnittlich kurzen Strecken bei den Stationen unabhängigen Konzepte ist die Integration von

Elektrofahrzeugen aber konzeptionell umsetzbar. Anders als in den Anfangsjahren der Branche ist das Carsharing nicht mehr rein ideologisch bzw. Weltanschauung bedingt zu sehen.

Mit den neuen Konzepten der Automobilbrache konnten neuer Kundengruppen von jungen, mobilen und technisch versierten Klienten für das Carsharing gewonnen werden.

Immer wichtiger werden sich auch die Kommunen, wie eben am Beispiel von Leipzig. Für das Carsharing wichtig ist hierbei die staatliche Förderung des Carsharings auf der kommunalen Ebene.

Ferner wichtig, wird die Förderung von Elektroautos, die eine immer wichtigere Rolle beim Carsharing einnehmen.

Kapitel 5.0

Diesel-Fahrverbot in der Innenstadt: Wo, wann und für wen?

Was muss ich zum Diesel-Fahrverbot für die Innenstadt wissen?

Seit Jahren werden kontinuierlich die Grenzwerte für den Schadstoffausstoß bei Neuwagen angepasst. Folge sind immer wieder neue Euro-Normen, die insbesondere für Diesel-Fahrzeuge relevant sind. Diese sind laut dem Umweltbundesamt die Hauptschuldtragenden, wenn es um die viel zu hohe Schadstoffbelastung in rund 70 deutschen Städten geht. Dort treten die Stickoxide (NOx) in so hoher Konzentration auf, dass Sie für den Menschen gesundheitsschädigend sein können.

Um diese Werte zu senken, wurde in einem Urteil vom Bundesverwaltungsgericht in Leipzig den Kommunen die Befugnis erteilt, Fahrverbote für die fraglichen Kfz zu erlassen.

Ein solches Diesel-Fahrverbot für die Innenstadt betrifft in der Regel ältere Diesel-Modelle, die der aktuellen, seit September 2015 geltenden Norm

Euro 6 nicht entsprechen (heißt: Euro 1 bis 5).

Aber welchen Städten und Bereichen genau müssen Diesel-Kfz-Führer ab wann fernbleiben?

Gibt es in den Innenstädten großflächige Fahrverbote für ältere Diesel-Fahrzeuge?

Fahrverbot für die Innenstadt: Diesel-Fahrzeuge müssen bestimmte Bereiche meiden.

Seit dem Urteil vom Bundesverwaltungsgericht haben sich bisher (Stand Oktober 2018) folgende Städte für ein Dieselfahrverbot entschieden: Berlin (spätestens ab Juni 2019): Elf Abschnitte an insgesamt acht Straßen sind von dem für Euro 5 und ältere Modelle geltenden Diesel-Fahrverbot in der Innenstadt betroffen, u. a. in Friedrichstraße und Leipziger Straße. Über Verbote in weiteren Bereichen wird noch beraten.

Hamburg (seit 01.Juni 2018): Hier sind Abschnitte der Max-Brauer-Allee sowie der Stresemannstraße von Durchfahrtsperren betroffen. Auf der erstgenannten Straße gilt dies für alle Diesel-Fahrzeuge, die nicht der Euro-6-Norm entsprechen. Auf der Stresemannstraße sind nur Lkw von diesem Fahrverbot für die Innenstadt betroffen, wenn sie nicht der aktuellen Norm entsprechen.

Stuttgart (ab Januar 2019): Vom Fahrverbot für die

Innenstadt sind hier jene Fahrzeuge betroffen, die der Euro-4-Norm und. Diese bekommen jedoch nicht nur ein Diesel-Fahrverbot für die Innenstadt, sondern müssen das ganze Stadtgebiet Stuttgarts meiden.

Frankfurt (ab Februar 2019): Hier soll ebenfalls das Diesel-Fahrverbot nicht die Innenstadt allein betreffen, sondern Fahrzeuge der Norm Euro 4 und älter aus der Stadt verbannen. Ab September 2019 sollen auch Kfz, die der Euro-5-Norm entsprechen, ausgesperrt werden.

Weitere Städte können ebenfalls solche Fahrverbote beschließen. Offensichtlich ist hierbei, dass die Kommunen selbst entscheiden können, ob das Diesel-Fahrverbot die gesamte Innenstadt oder nur bestimmte Bereiche betreffen kann.

Gibt es Ausnahmen vom Diesel-Fahrverbot in der Innenstadt?
Die Kommunen haben zudem die Befugnis, auch Ausnahmen zum Diesel-Fahrverbot in der Innenstadt bzw. den betroffenen Stadtbereichen zu bestimmen. Daher sind diese nicht notwendigerweise in allen Städten gleich.
Diskutiert werden aber vor allem Ausnahmen für:

Handwerker

Anwohner

Gewerbetreibende

Schwerbehinderte

Taxis

Lieferfahrzeuge

Wie wird das Ganze kontrolliert?
Droht ein Bußgeld?

Im Gespräch war zunächst die Einführung einer blauen Plakette, die saubere Autos mit der als zulässig geltenden Norm kennzeichnet. Dies hätte die Kontrolle vom Diesel-Fahrverbot in der Innenstadt erheblich erleichtert. Vorerst wurde diese Idee jedoch verworfen. Stattdessen gibt es bspw. in Hamburg stichprobenartige Kontrollen der Fahrzeugpapiere durch die Polizei.

Sollte jemand bei einem Verstoß gegen das Diesel-Fahrverbot in der Innenstadt ertappt werden, muss dieser mit einem Verwarn- oder Bußgeld rechnen.
Dabei kann auch hier jede Stadt eigene Regeln aufstellen. So kostet ein Vergehen mit dem Pkw in Hamburg 25 Euro und mit dem Lkw 75 Euro. In Stuttgart wird das Portemonnaie vom Verkehrssünder um 80 Euro leichter.

Fahrverbot für Euro-5-Diesel: Was müssen Sie als Diesel-Fahrer wissen?

Seit im Februar 2018 das Verwaltungsgericht in Leipzig das Urteil erließ, können Kommunen nun bundesweit selbstständig über etwaige Fahrverbote für Diesel-Autos entscheiden.

Grund war eine Klage der Deutschen Umwelthilfe (DUH), die darauf pocht, dass in den deutschen Städten die Grenzwerte zur Luftreinhaltung eingehalten werden – was nämlich in circa 70 Städten nicht der Fall ist.

Grund sind die Stickoxide, die vorwiegend von Diesel-Fahrzeugen produziert werden und besonders schädlich für die Atemwege sein können, mit denen sie in Kontakt kommen.

Das Urteil brachte einiges ins Rollen. Bisher (Stand: Oktober 2018) wurde in vier Großstädten ein Diesel-Fahrverbot angeordnet – in Hamburg freiwillig, in Stuttgart, Frankfurt am Main und Berlin durch ein Gericht. In einigen Fällen – wenn auch nicht immer –ist dabei auch die Rede von einem Fahrverbot für Diesel der Schadstoffklasse Euro 5.

Wo genau das wann eintritt und was bei einer Missachtung eines solchen Verbots droht, das lesen Sie bei mir.

In welchen Städten sind Euro-5-Diesel von einem Fahrverbot betroffen?

Wie erwähnt gibt es bereits in vier Städten Fahrverbote für Diesel-Fahrzeuge. In manchen Fällen können aber Kfz-Halter dem Diesel-Fahrverbot mit ihrem Euro-5-Wagen aus dem Weg gehen – in manchen Fällen gibt es nur ein Fahrverbot für Euro-4-Diesel und ältere Kfz.

Ein Fahrverbot für Diesel der Euro-5-Norm gibt es zur Zeit nur in Hamburg. Alle Diesel-Fahrzeuge, die nicht der aktuellen Norm Euro 6 entsprechen, müssen einen 580 Meter langen Abschnitt auf der Max-Brauer-Allee meiden. Schilder zeigen die entsprechende Zone sowie Umfahrungsmöglichkeiten an. Zudem dürfen alte Diesel-Lkw (älter als Euro 6) nicht auf einem 1,7 Kilometer langen Abschnitt der Stresemannstraße fahren.

Für die folgenden Städte gibt es gerichtliche Urteile, die ein Diesel-Fahrverbot auch für Euro-5-Autos vorsehen: Frankfurt am Main: Hier wurde bereits für Februar 2019 ein solcher Beschluss gefasst – zunächst sind aber Euro-5-Diesel nicht vom Fahrverbot betroffen. Ab September 2019 soll aber eine entsprechende Vorschrift folgen, nach der auch die Schadstoffklasse 5 in den jeweiligen Zonen nicht mehr fahren darf.

Berlin: Bestimmte Streckenabschnitte sind auch in Berlin von einem Fahrverbot für Diesel der Euro-5-Norm und schlechter versehen. Mitte 2019 soll es in Kraft treten.

In Stuttgart sind zwar ebenfalls Verbote geplant, dabei sollen aber vorerst Wagen der Schadstoffklasse Euro 5 nicht vom Diesel-Fahrverbot betroffen sein. Vielmehr will die Stadt zunächst ermitteln, ob ihr Konzept von einem Verbot für Euro-4-Autos und älter aufgeht. Sollte dies nicht der Fall sein, kann ein Fahrverbot für Diesel mit Euro 5 folgen.

Was passiert, wenn ich das Fahrverbot für Diesel mit der Euro-5-Norm missachte?

In Hamburg gibt es beispielsweise stichprobenartige Kontrollen durch die Polizei. Wird ein Pkw-Fahrer im Verkehr ertappt, der das für die Euro-5-Norm geltende Diesel-Fahrverbot missachtet, muss er ein Bußgeld von 20 Euro zahlen. Lkw-Fahrer zahlen sogar 75 Euro.

Es ist vorstellbar, dass es in anderen Städten ähnlich ablaufen wird. Kontrollen mithilfe einer blauen Plakette am Auto, die einen sauberen Diesel kennzeichnet, sind vorerst nicht in Planung.

Bei Euro-5-Wagen: Fahrverbot für Diesel durch Nachrüsten umgehen?

Die Politik ist in den meisten Fällen gegen Diesel-Fahrverbote in den Städten. Daher haben sie Anfang Oktober 2018 Maßnahmen für die 14 am meisten von Stickoxiden heimgesuchten Städte vorgestellt, die Fahrverbote verhindern sollen.

Neben Umtauschprämien von den Herstellern steht das Nachrüsten neuerer Diesel zur Debatte. Ein Fahrverbot für Diesel mit der Euro-5-Norm könnte auf diese Weise umgangen werden.

Die Autokonzerne haben aber vermehrt ablehnend auf diesen Vorschlag reagiert, weil das Konzept vorsieht, dass die Hersteller selbst die Kosten für das Nachrüsten tragen sollen.

Diesel-Fahrverbot für die Euro-6-Modelle: Ist es im Gespräch?

Spätestens seit dem Abgasskandal und den Klagen der Deutschen Umwelthilfe sind Abgasnormen in aller Munde. In deutschen Städten werden vermehrt Fahrverbote für Diesel-Fahrzeuge ausgesprochen, die nicht der aktuellen Euro-6-Norm entsprechen.

Aber können auch Autos, die dieser Norm entsprechen, bald ein Fahrverbot auferlegt bekommen?

Dass in vielen deutschen Städten die Grenzwerte für Schadstoffe nicht eingehalten werden, ist bereits seit

Jahren bekannt. Bei den fraglichen Schadstoffen handelt es sich um Stickoxide (NOx) – Gase, die Augen und Atemwege angreifen und sogar Lungen- sowie Herz-Kreislauferkrankungen auslösen können, wenn sie hochkonzentriert auftreten.

In den fraglichen Städten trägt der Verkehrsbereich laut Umweltbundesamt mit 60 % zu dieser Überlastung bei, davon wiederum gehen 72,5 Prozent auf das Konto der Dieselfahrzeuge.

Aus diesem Grund klagt die Deutsche Umwelthilfe (DUH) seit Jahren auf die Einhaltung der Grenzwerte. Die Folge: Das Bundesverwaltungsgericht entschied am 27.02.2018, dass Kommunen Fahrverbote für ältere Dieselmodelle verhängen dürfen. Dies betrifft zunächst kein Diesel-Fahrverbot für Euro-6-Fahrzeuge, sondern Pkw, welche ebenjene Abgasnorm nicht erfüllen (das heiß: Euro 1 bis Euro 5).

Die Fahrzeuge der Euro-5-Norm dürfen jedoch erst mit etwas zeitlicher Verzögerung mit Fahrverboten belegt werden – ab September 2019 ist das der Fall. Bei den neuen Modellen könnten jedoch Nachrüstungen greifen.
Währenddessen war zunächst kein Fahrverbot für

Diesel-Fahrzeuge der Euro-6-Norm vorgesehen, da diese als sauber genug gelten und nicht zu einer übermäßigen Belastung der Umwelt führen.

Dennoch wird auch über ein für Euro-6-Fahrzeuge geltendes Diesel-Fahrverbot diskutiert. Im Gespräch war auch das Einführen einer blauen Plakette zur Kennzeichnung der sauberen Kfz – diese wurde jedoch vorerst abgelehnt.

Diesel-Modelle der Euro-6-Norm: Wieso ein Fahrverbot hier nicht angedacht ist.

Ein Diesel-Fahrverbot für Euro-6-Kfz wurde in den Urteilen zu den bis jetzt betroffenen Städten (Berlin, Hamburg, Stuttgart) noch nicht ausgesprochen Dies begründet sich darin, dass die Euro-6-Norm der aktuellen Abgasnorm entspricht.

Seit den 90er Jahren (damals mit Euro 1) gibt es Grenzwerte für den Schadstoffausstoß bei Kfz in der EU und seit der Jahrtausendwende gibt es auch welche für die Stickstoffdioxide. Diese wurden im Laufe der Jahre immer wieder angepasst, bis zur aktuellen Euro-6-Norm seit September 2015. Dies gilt als momentan sauberste Variante unter den Euro-Normen (80mg NOx pro Kilometer).

Aus diesem Grund wurde in den genannten Fällen kein Diesel-Fahrverbot für die Euro-6-Modelle ausgesprochen.

Beachten Sie aber: Seit September 2017 gibt es in der EU zwei neue Abgastests und damit schärfere Kriterien für die Messung solcher Werte: Hierbei sollen zum einen Fahrzeuge unter Realbedingungen auf ihre Abgaswerte geprüft werden („Real Driving Emissions", kurz RDE). Auf diese Weise können sie zuverlässiger gemessen werden.

Zum anderen soll es verbesserte Laboruntersuchungen nach dem weltweit harmonisierten Prüfverfahren für Personenwagen und leichte Nutzfahrzeuge gemäß der „World Harmonised Light Vehicle Test Procedure"(WLTP) geben.

Diese führen auch zu neuen EU-Normen, was für die Diskussionen um ein Diesel-Fahrverbot für die Euro-6-Modelle relevant ist.

So sind seit September 2018 die WLTP-Tests für die Euro-Norm 6c verbindlich.

Ab September muss ein neues Auto für die Erstzulassung zusätzlich auch den RDE-Test bestehen. Für diesen gilt die Euro-6D-Norm bzw. die Euro-6D-Temp. Die beiden letztgenannten unterscheiden sich in dem Faktor, um den die Werte im RDE-Test von denen aus dem (davor im Labor durchgeführten) WLTP-Test abweichen dürfen. Bis Ende 2019 muss dabei die Euro-6d-Temp-Norm eingehalten werden, danach gilt die Euro-6d-Norm. Verschiedene Testverfahren führten zudem ebenfalls zu der Entwicklung der Euro-6b-Norm.

Dabei haben sich im Grunde aber nicht die Grenzwerte verändert – hierfür gilt nach wie vor die Euro-6-Norm. Es wurden nur die Prüfverfahren verfeinert. Daher ist in einigen Fällen auch ein Diesel-Fahrverbot für Euro-6-Autos im Gespräch.

Welche Euro-6-Diesel-Autos könnten vom Fahrverbot betroffen sein?
Bisher galt ein Euro-6-Diesel-Auto als sicher vor einem Fahrverbot. Aber bereits vor dem entsprechenden Urteil in Berlin wurden Einschränkungen für die Modelle mit der Norm 6a, 6b und 6c diskutiert, mit der Begründung, auch hier seien nicht alle Fahrzeuge sauber. Noch wurden solche Überlegungen jedoch nicht in die Tat umgesetzt.

Kapitel 6.0

Der Abgasskandal von VW - Eine Chronologie.

Der Abgasskandal ist für den Autobauer aus Wolfsburg die wohl schwerste Krise der Unternehmensgeschichte. Im Herbst 2015 wurden die Manipulationsvorwürfe an Dieselmotoren publik. Im Verlauf des Jahres 2016 offenbarte sich das Ausmaß dieser Affäre. Autofahrer sind aus vielen Gründen empört und enttäuscht.

Der Skandal Volkswagen hatte im September 2015 auf Druck der US-Umweltbehörden zugegeben, in seine Diesel-Pkw eine illegale Software eingesetzt zu haben. Diese erkennt, ob ein Wagen auf dem Prüfstand steht - und er hält auch nur dann die Abgasgrenzwerte ein. Im normalen Verkehr auf der Straße ist der Schadstoffausstoß um ein Vielfaches höher. Weltweit sind davon mindestens elf Millionen Fahrzeuge betroffen. Die meisten davon fahren in Europa, darunter mehr als zwei Millionen in Deutschland.

Der aktuelle Stand.

Die Anfänge des VW-Skandals reichen Jahre zurück. Im Herbst 2015 war öffentlich geworden, dass Dieselfahrzeuge aus dem VW-Konzern mithilfe einer Software bei Abgastests schummelten. Seitdem hat sich die Lage kaum beruhigt.

Sehr zäh verläuft zum einen die versprochene Umrüstung der betroffenen Modelle, aber auch die Aufklärung darüber, wer was wann wusste und wen informierte.

Im Bundestag arbeitet ein Untersuchungsausschuss, der nicht nur den Skandal aufarbeiten soll, sondern auch die Verquickung von Autoindustrie und Politik. Das Unternehmen beauftragte die US-Kanzlei Jones Day damit, den Diesel-Skandal aufzuklären.

Die Staatsanwaltschaft ermittelt gegen Ex-Vorstandschef Winterkorn und andere Vorstandsmitglieder. Volkswagen will die Affäre auch selbst aufklären. In den USA wurde Winterkorn inzwischen angeklagt.

VW kann nicht abschätzen, welche Kosten letztlich auf den Konzern zukommen. Der Absatz ging zwischenzeitlich deutlich zurück, zog zuletzt aber wieder an. Für die Kosten des Skandals hatte Volkswagen in der Jahresbilanz 2015 Rückstellungen von 16,2 Milliarden Euro gebildet. Inzwischen prüft der Konzern, ob er finanzielle Ansprüche gegen Ex-Konzernchef Winterkorn geltend machen kann.

Selbst wenn sich VW in den USA mit den Händlern auf Schadenersatz einigen konnte, stehen in den USA, in Deutschland und weiteren Ländern noch Zivilklagen und die Ergebnisse strafrechtlicher Ermittlungen aus.

In Deutschland empört die betroffenen Autobesitzer vor allem, dass VW-Autobesitzer in den USA finanziell entschädigt werden sollen, in Deutschland und anderen europäischen Staaten aber nicht.

Betroffene Fahrzeuge nach Ländern.
Deutschland: mindestens 2,8 Millionen
Großbritannien: 1,2 Millionen
Spanien: 680.000
Italien: 650.000
Belgien: 500.000
USA: 482.000
Österreich: 363.000
Mexiko: 32.000

Eine Chronologie der Ereignisse.

April 2019

VW, BMW und Daimler sollen sich im Zusammenhang mit Technologien zur Abgasreinigung abgesprochen haben. Die Absprachen seien nicht legal gewesen. Die Unternehmen haben damit nach Ansicht der EU-Kommission gegen das Kartellrecht verstoßen.

Februar 2019

Drei Monate nach Einreichung der Verbraucherklage im Abgasskandal bei Volkswagen haben sich mehr als 400.000 Autobesitzer der Musterfeststellungsklage angeschlossen und ins Register beim Bundesamt für Justiz eingetragen.

Oktober 2018

Volkswagen will bundesweit ältere Diesel zurücknehmen, verschrotten und dafür Umtauschprämien zahlen. Das erneute Angebot einer Abwrackprämie wird von Beobachtern aber als Werbemaßnahme kritisiert - auch weil sich der Autobauer zu möglichen Hardware-Nachrüstungen in Schweigen hüllt.

September 2018

Verbraucherschützer wollen stellvertretend für viele

betrogene Verbraucher gegen Volkswagen vor Gericht ziehen. Gelingen soll soll das mit einer Musterfeststellungsklage. Bundesfinanzminister Scholz hat zudem deutlich gemacht, dass die Autobauer nicht mit Steuergeldern für Diesel-Umrüstungen rechnen können.

Juli 2018

Hochrangige VW-Mitarbeiter haben offenbar schon frühzeitig von den Folgen der manipulierten Dieselwerte gewusst. Das belegen interne Dokumente. Demnach hatten Manager, Juristen und Motoren-Entwickler kurz vor Bekanntwerden des Betrugs große Sorgen. Auch der ehemalige VW-Chef Martin Winterkorn soll bereits Monate vor Bekanntwerden des Dieselskandals detailliert über den Abgas-Betrug informiert gewesen sein.

Juni 2018

Die Staatsanwaltschaft Braunschweig verhängt ein Bußgeld über einer Milliarde Euro gegen Volkswagen. Der Autobauer erklärt: „Volkswagen akzeptiert das Bußgeld und bekennt sich damit zu seiner Verantwortung".

Mai 2018

Die US-Justiz erhebt Anklage gegen den früheren VW-Chef-Martin Winterkorn.

Auch ein Haftbefehl wird erlassen. Winterkorn wird Betrug, Verschwörung zum Verstoß gegen Umweltgesetze und Täuschung der Behörden vorgeworfen. So lange Winterkorn Deutschland nicht verlässt, muss er allerdings keine Auslieferung an die USA befürchten.

Volkswagen prüft derweil finanzielle Ansprüche gegen Winterkorn.

April 2018

Der bisherige Markenchef Herbert Dies wird neuer Vorstandsvorsitzender bei Volkswagen. Er löst Matthias Müller ab, der erst 2015 die Nachfolge von Martin Winterkorn übernommen hatte.

März 2018

Das Landgericht Stendal entscheidet, dass VW einer Autobesitzerin aus der Altmark 17.000 Euro Schadenersatz zahlen muss. Die Frau hatte einen Skoda mit manipulierter Abgas-Software gekauft. Nach Ansicht des Gerichtes handelte VW vorsätzlich sittenwidrig. Dem Urteil wird Signalwirkung zugeschrieben. Der Fall ist allerdings noch nicht in letzter Instanz entschieden worden. Derweil steht VW trotz des Diesel-Skandals wirtschaftlich gut da. Der Konzern verkündet einen Rekord-Umsatz.

Februar 2018

Volkswagen, Daimler und BMW zahlen viel Geld in einen Fonds für saubere Luft ein. Die drei Autobauer übernehmen den von der Bundesregierung für die gesamte Branche vorgesehenen Anteil von 250 Millionen Euro.

Januar 2018

Mit Empörung reagieren Politiker und die Öffentlichkeit auf die Nachricht, dass deutsche Autobauer Abgas-Tests an Menschen und Affen finanziert haben. VW, BMW und Daimler wollten mit den Studie offenbar beweisen, dass die Schadstoffbelastung durch Diesel dank moderner Abgasreinigung erheblich abgenommen hat. VW soll bei der Initiative federführend gewesen sein. Der Konzern beurlaubt nach Bekanntwerden der Tests seinen Cheflobbyisten Thomas Steg.

Dezember 2017

Wegen Vertuschung und Abgasmanipulationen wird ein VW-Manager in den USA zu sieben Jahren Haft verurteilt worden. Wie ein Sprecher des Bundesgerichts in Detroit mitteilt, muss der Angeklagte Oliver S. außerdem eine Geldstrafe von 400.000 Dollar zahlen.

November 2017

Das Dresdner Landgericht weist zwei Klagen gegen VW im Zusammenhang mit dem Abgasskandal ab. Kunden hatten Entschädigungen gefordert. Zuvor waren sie von ihren Kaufverträgen zurückgetreten und hatten diese wegen „arglistiger Täuschung" angefochten.

September 2017

Im Zuge der Ermittlungen zum Dieselskandal verhaftet die bayerische Justiz Wolfgang Hatz, einen hochrangigen Ex-Manager des Volkswagen-Konzerns. Der ehemalige Porsche-Entwicklungsvorstand und Audi-Motorenentwickler sitzt seitdem in Untersuchungshaft.

August 2017

Volkswagen kündigt ein Software-Update für rund vier Millionen Dieselautos an - darunter 2,5 Millionen für die bereits Abgas-Nachbesserungen angeordnet wurden.

In den USA wird erstmals ein langjähriger VW-Ingenieur im Zusammenhang mit dem Skandal verurteilt. Er erhält in Detroit eine Gefängnisstrafe von 40 Monaten und eine Geldbuße von 200 000 Dollar.

Juli 2017

Wegen illegaler Abgas-Software verhängt der damalige Bundesverkehrsminister Alexander Dobrindt (CSU) ein Zulassungsverbot für den Porsche-Geländewagen Cayenne mit 3,0-Liter-TDI-Motor.

Juni 2017

Auch bei den Audi-Modellen A7 und A8 werden Abgasmanipulationen festgestellt. Das Bundesverkehrsministerium fordert den VW-Konzern zum Rückruf von 14.000 Autos in Deutschland auf. Betroffen sind europaweit 24.000 Wagen. Audi entschuldigt sich bei seinen Kunden.

Mai 2017

Vorwürfe der Marktmanipulation haben auch die Staatsanwaltschaft Stuttgart auf den Plan gerufen. Sie ermittelt gegen VW-Konzernchef Matthias Müller, seinen Vorgänger Martin Winterkorn und den Ex-VW-Finanzvorstand und heutige VW-Chefaufseher Hans Dieter Pötsch.

Bei den Ermittlungen gegen Müller geht es um dessen Amt im Vorstand der Porsche SE, dem Haupteigner von Volkswagen. Zuvor hatten schon die Braunschweiger Strafverfolger solche Untersuchungen gestartet - dort außerdem gegen den VW-Kernmarken-Chef Herbert Diess. Volkswagen ist der Überzeugung, alle Regeln eingehalten zu haben. Die Staatsanwaltschaft Stuttgart ist zuständig, weil die Porsche SE ihren Sitz in der schwäbischen Großstadt hat.

Januar 2017

Auch gegen den früheren Vorstandschef des Autokonzerns, Martin Winterkorn, ermittelt die Staatsanwaltschaft Braunschweig nun wegen des Anfangsverdachts auf Betrug. Es hätten sich hinreichende Anhaltspunkte dafür ergeben, dass Winterkorn früher als von ihm behauptet, von der Manipulations-Software und deren Wirkung gewusst haben könnte.

Bisher hatte die Staatsanwaltschaft gegen Winterkorn nur wegen des Verdachts der Marktmanipulation ermittelt, weil VW die Finanzmärkte möglicherweise zu spät über die milliardenschweren Risiken des Skandals informiert hat.

Anfang Januar hat der Konzern sich nach eigenen Angaben mit dem US-Justizministerium auf einen weiteren Vergleich geeinigt. Dieser sieht Zahlungen in Höhe von umgerechnet rund vier Milliarden Euro vor.

Kurz darauf kommt es zu einem weiteren Vergleich: VW will demnach zusammen mit Bosch 1,5 Milliarden Dollar an Käufer von Drei-Liter-Modellen zahlen.

Dezember 2016

Der Abgas-Untersuchungsausschuss des Bundestages soll klären, wann die Bundesregierung von den Abgas-Manipulationen erfahren hat und was sie seit 2007 unternommen hat, damit Abgas-Regeln eingehalten werden. Bundeswirtschaftsminister Sigmar Gabriel, Umweltministerin Barbara Hendricks und Kanzleramtschef Peter Altmaier waren vorgeladen.

Die EU-Kommission eröffnet ein Vertragsverletzungsverfahren. Die Behörde wirft der Bundesregierung unter anderem vor, den VW-Konzern nicht für die Manipulation von Schadstoffwerten bei Dieselautos bestraft zu haben.

November 2016

VW will weltweit 30.000 Jobs abbauen. Allein in Deutschland sollen bis zu 23.000 Jobs wegfallen.

Die Staatsanwaltschaft ermittelt nach Angaben des VW-Konzerns nun auch gegen Aufsichtsratschef Hans Dieter Pötsch. Er wird verdächtigt, in die

Marktmanipulation im Zusammenhang mit dem Abgasskandal verwickelt zu sein. Ermittelt wird bereits unter anderen gegen den früheren VW-Chef Martin Winterkorn und den derzeitigen VW-Markenchef Herbert Diess. Ihnen wird vorgeworfen, die Finanzwelt zu spät über den Abgasskandal informiert zu haben.

Oktober 2016

In den USA werden knapp 500.000 Kunden von VW-Wagen mit Zwei-Liter-Diesel-Motor finanziell entschädigt. Das zuständige Bundesbezirksgericht San Francisco hat den milliardenschweren Vergleich des Konzerns mit den VW-Besitzern endgültig genehmigt. Das Paket kann den Autobauer bis zu 15,2 Milliarden Euro kosten. Die Rückkäufe sollten Mitte November beginnen. Lösungen für größere Motoren stehen noch aus.

Neben den zivilrechtlichen Auseinandersetzungen mit VW-Fahrern und -Händlern laufen aber auch noch strafrechtliche Ermittlungen gegen den Konzern. Das Justizministerium in Washington sieht Anhaltspunkte für kriminelle Machenschaften. Auch hier strebt Volkswagen eine außergerichtliche Einigung an. Volkswagen hat einem Bericht zufolge bislang nicht einmal zehn Prozent der in Deutschland vom Dieselskandal betroffenen Autos nachgerüstet. Nur rund 240.000 der rund 2.556 Millionen manipulierten Autos mit EA-189-Motor seien umgebaut worden, berichtete das „Handelsblatt" unter Berufung auf eine Antwort der Bundesregierung auf eine Anfrage der Grünen-Bundestagsfraktion.

September 2016

Der Autozulieferer Bosch ist offenbar stärker in den VW-Abgasskandal verstrickt als bekannt. Dokumente im US-Verfahren belegen, dass der Autozulieferer aktiv an der Manipulation von Dieselmotoren beteiligt war und das zu vertuschen versuchte.

Pünktlich zum ersten Jahrestag des Abgas-Skandals sieht sich Volkswagen mit neuen Klagen konfrontiert. Nach Bayern wollen nun auch Hessen und Baden-Württemberg juristisch gegen den Autobauer vorgehen. Das kündigten die Finanzministerien der beiden Länder an.

Im Untersuchungsausschuss des Bundestages kommt die politische Aufklärung in Gang. Im Fokus steht dabei auch die Rolle der Bundesregierung. Viel Zeit ist jedoch nicht vorgesehen.

August 2016

Das Land Bayern kündigt Klage gegen VW wegen der Aktienkursverluste im Abgasskandal an. Der Pensionsfonds der bayerischen Beamten machte einen Schaden in Höhe von maximal 700.000 Euro geltend.

Südkorea stoppt den Verkauf von VW-Modellen. Das Umweltministerium entzog dem Konzern die Zulassungen für 80 Modelle der Marken VW, Audi und Bentley und verhängte eine Geldbuße von rund 14,3 Millionen Euro.
Das Ministerium begründete dies damit, dass die Zulassungen auf der Grundlage falscher Angaben zum Schadstoffausstoß und der Lärmentwicklung der Fahrzeuge erfolgt sei.

US-Anwaltskanzleien nehmen erstmals auch den Zulieferer Bosch ins Visier. Sie werfen dem Unternehmen eine Mittäterschaft in der Affäre vor. Bosch hatte die Steuerungs-Software entwickelt und an VW geliefert.

Juni 2016

Das Entschädigungs-Paket für US-Kunden steht: Volkswagen soll wegen des Abgasskandals in den USA voraussichtlich fast 15 Milliarden Dollar zahlen. Das geht aus Gerichtsdokumenten hervor. Im VW-Abgasskandal ermittelt die Staatsanwaltschaft Braunschweig jetzt doch gegen Ex-Konzernchef Martin Winterkorn wegen des Verdachts der Marktmanipulation.

Ihm wird vorgeworfen, dass Volkswagen die Finanzwelt womöglich zu spät über die Affäre informiert hat.

April 2016

Die Affäre um Abgas-Manipulationen in den USA beschert dem größten europäischen Autobauer für 2015 ein Rekordminus von 1,6 Milliarden-Euro. Wegen Rückstellungen erzielte der Konzern das schlechteste Ergebnis seiner Geschichte.

Volkswagen hat sich mit US-Vertretern grundsätzlich auf einen Vergleich im Streit um manipulierte Diesel-Abgaswerte geeinigt.

In der VW-Führung wird über die Auszahlung von Boni an den Vorstand gestritten. Die Sicht darauf ist unterschiedlich - sie reicht von voller Auszahlung über Kürzung bis zum Verzicht.

Grüne und Linke im Bundestag planen einen Untersuchungsausschuss, der Mauscheleien zwischen der Autoindustrie und der Politik aufdecken soll.

Januar 2016

VW beginnt mit einer Rückrufaktion. Dieselautos, bei denen die Schummelsoftware eingebaut wurde, werden nun zurückgerufen. Bislang hieß es, die Führung des Volkswagen-Konzerns habe nichts von den Abgas-Manipulationen gewusst. Erstmals widerspricht ein Zeuge.

Die Behörden in den USA lehnen die Rückrufpläne des VW-Konzerns in den USA als unzureichend ab. Das US-Justizministerium reicht wegen des Abgasskandals eine Klage ein. Dem deutschen Autobauer wird ein Verstoß gegen das Luftreinheitsgesetz zur Last gelegt.

November 2015

Volkswagen muss im Zuge des Abgasskandals bei 540.000 Diesel-Fahrzeugen größere technische Änderungen vornehmen. Das entschied das Kraftfahrtbundesamt mit.

In den USA wird der Verkauf des Porsche Cayenne gestoppt, weil es neue Manipulations-Vorwürfe gibt.

Oktober 2015

VW legt einen Zeitplan zur Rückrufaktion vor. Sie sollen im Januar 2016 beginnen.

Der Skandal um manipulierte Dieselmotoren im VW-Konzern könnte sich auch auf neuere VW-Motoren ausweiten. Derzeit wird geprüft, ob auch das Nachfolgemodell des betroffenen Motors EA189 manipuliert war. Der EA288 galt bisher als unverdächtig.

VW-Kunden können im Internet überprüfen, ob ihr Auto von der Abgasaffäre betroffen ist. Damit startet der Autobauer die versprochene Aufklärung seiner Kunden. Gibt man auf der Seite www.volkswagen.de/info die Fahrgestellnummer ein, kann man feststellen, ob der eigene Wagen einen der betroffenen EA 189-Dieselmotoren hat.

September 2015
Porsche-Chef Matthias Müller übernimmt Vorstandsvorsitz bei Volkswagen und löst damit Winterkorn ab. Er ist von Beginn seiner Amtszeit an mit Krisenbewältigung befasst. Er verspricht Aufklärung der Vorwürfe. Vor allem in den USA versucht er, den Schaden überschaubar zu halten. Volkswagen gibt massive Abgas-Manipulationen in den USA zu. Die US-Umweltschutzbehörde EPA hat VW vorgeworfen, bei zahlreichen Diesel-Fahrzeugen die Abgasvorschriften vorsätzlich umgangen zu haben.

Der Skandal hat seine Wurzeln in den Jahren zuvor. VW hatte ab 2005 große Absatzprobleme in den USA. Als Reaktion wollte der Konzern nach Aussagen eines Zeugen die Hybridtechnik des „Erzrivalen" Toyota mit einem „Clean Diesel" ausstechen. Diese Technik sollte schnell eingeführt werden, sauber, aber nicht teuer sein. Eingeweihten sei klar gewesen, dass das nur mit einer Manipulation der Software zu erreichen sei, sagte ein Insider aus.

Die Entscheidung der VW-Chefs, Manipulationssoftware in Dieselwagen einzubauen, soll 2006 gefallen sein. Bereits 2007 soll Autozulieferer Bosch vor dem Einsatz in einem Brief an die Konzernzentrale gewarnt haben. 2014 wurden in den USA erste Vorwürfe laut. VW versuchte zunächst, den Skandal „klein" zu halten und auf dem Verhandlungswege zu lösen.

Fazit

So mancher in Deutschland glaubt, unsere Erfolgsgeschichte sei ein Naturgesetz und werde ewig so weitergehen. Dabei müssen wir den Weg der strukturellen Erneuerung fortsetzen. Wir sollten über all den Debatten über „Gerechtigkeit", die derzeit geführt werden, unsere Wettbewerbsfähigkeit nicht aus den Augen verlieren.

Seit Ende der Achtzigerjahre haben wir lange diskutiert, wie man Deutschland wieder wettbewerbsfähiger machen könnte. Noch vor acht Jahren hatten wir 5,2 Millionen Arbeitslose– und heute diskutieren wir überwiegend Verteilungsfragen. Das halte ich für wirklich riskant.

Beziehungsweise Energiesteuer zahlen als Fahrer von Benzinern, das bedeutet von 1986 bis 2017 Subventionen von etwa 200 Milliarden Euro, rechnet Dudenhöffer vor. Zwar werden Diesel bei der Kfz-Steuer stärker belastet als Benziner. Doch selbst wenn man dies gegenrechnet, blieben immer noch Netto-Subventionen von rund 140 Milliarden Euro für den Diesel über. So wurde die Stagnation weiter von uns Steuerzahlern mitgetragen.

Wir haben alle dafür mitbezahlt, dass uns im Jahr 2015 das größte deutsche Automobilunternehmen die Wahrheit vor die Nase hält und offenlegt, dass es nicht innovativ genug ist um mit anderen in fairem Wettbewerb gewinnen zu können.

Mit der Manipulation, die auch indirekt von uns Steuerzahlern mitfinanziert wurde, konnten alle sehen, dass der Exportweltmeister mit gezinkten Karten spielt und das alles auf unsere Kosten.

Damit sollte endgültig Schluss sein. Die Deutschen sollten kritischer mit ihren großen Unternehmen werden. Die Hochrechnungen in Bezug auf die Bedeutung und Beschäftigung erinnern eher an billige Propaganda, denn an Tatsachen.

„Und überhaupt würde es den deutschen Autoherstellern nicht gut gehen, wenn nicht gerade wir, der Herr Schulze und Herr Meyer, so gern VW, Mercedes und BMW fahren würden?"
Wir sind ihre besten Kunden.

Völlig aussichtslos ist die Zukunft der deutschen Mobilität nicht. Sie sollte nur intelligenter werden. Es gilt nicht, dass es nur die eine Mobilität mit dem Fahrrad, Auto oder U-Bahn gibt. Nein die Lösung ist, dass es sie alle geben sollte, um unterschiedliche individuelle Bedürfnisse decken zu können. Erste interessante Verknüpfungen gibt es bereits. Die Mitglieder orientierten und kommunalen Carsharing Konzepte werden aktuell von Konzernen der Automobilbranche und der Deutschen Bahn überholt.

Die technischen Möglichkeiten der Smartphones und Applikationen machen eine flexible Nutzung von Autos deutlich einfacher. Das gilt sowohl für das Carpooling, als auch für Stations unabhängige Konzepte, wie. z. B. car2go von Mercedes Benz.

Die Verbindung aus Umweltfreundlichkeit und Rendite versuchen die Unternehmen, wie z. B. Citroen, für sich zu nutzen. Mit dem Geschäftskonzept der alleinigen Nutzung von Elektroautos hat Citroen einen ganz neuen Weg beschritten.

Es kann nicht ausgeschlossen werden, dass es sich bei den Automobilkonzernen auch um das sog. „Greenwashing" handelt und dadurch eine Verbesserung des Unternehmensimages angestrebt wird.
Zusammengenommen hat das Carsharing das Potenzial die Nachhaltigkeit zu fördern. Es ist aber nicht realistisch davon auszugehen, dass Carsharing

zu einer flächenhaften Abschaffung von Privatfahrzeugen führen wird. Dafür ist die Präsenz von Carsharing Konzepten im ländlichen Raum zu gering.

Ferner nehmen am Carsharing und Carpooling schwerpunktmäßig jüngere Nutzer teil. Menschen, die technisch und organisatorisch nicht dementsprechend vorbereitet und ausgestattet sind, können an der Mehrheit der Carsharing Entwicklungen nicht aktiv teilnehmen.

Applikationen wie BlaBlacar und Uber sind entsprechend auf Nutzergruppen gerichtet, die über Smartphones verfügen.

Es bleibt aktuell noch unklar, wie die traditionelle Autoindustrie zukünftig auf die starke Konkurrenz im Carsharing Bereich reagiert.

Ebenso unklar für die Autoindustrie in Deutschland ist die langfristige Wirkung des Abgasskandals auf den Export. In der Summe verkauft Volkswagen nach dem Skandal nicht weniger Autos.

Doch scheint es gerade für den neuen amerikanischen Präsidenten Donald Trump recht, dass er dem erklärten Exportweltmeister und Umweltschützer vorhalten kann, dass er Messwerte schönt und dass auf eine korrupte und kriminelle Art. Es bleibt zu hoffen, dass der Dieselskandal sich auf diesen relativ schmalen Marktabschnitt der Dieselfahrzeuge in den USA beschränkt. Der Export in die USA ist für die deutsche Industrie wichtig auch als Zukunftsmarkt, da der asiatische Markt, hier insbesondere der Handelspartner Russland, aber auch China, politisch sehr instabil sind.

Die autokratischen Regime Systeme dieser Länder sind unberechenbar. Es ist nicht ausgeschlossen, dass Produktionsstätten verstaatlicht oder sogar widerrechtlich geschlossen werden, oder wie im Falle vieler Güter bereits passiert, Russland Einfuhrverbote erlässt.

Der Berliner Experte Heinz-Rudolf Meißner fasst in Bezug auf die deutsche Automobilindustrie zusammen, dass sie gerade wegen ihrer besonderen Stellung in der deutschen Geschichte, Politik und Wirtschaft eine enorme Trägheit entwickelt hat. Man kann pointieren, dass die deutsche Autoindustrie einfach satt ist und den Eindruck erweckt, sie möchte sich nicht entwickeln, da alles perfekt ist.
Das Beispiel der Abgasaffäre macht deutlich, dass Volkswagen bereit war kriminelle Handlungen zu

begehen, nur um ihre nicht genügend innovativen Dieselmotoren im ambitionierten Bundesstaat Kalifornien abzusetzen. Es überrascht auch, wie unprofessionell das Unternehmen in der ersten Phase des Skandals gehandelt hatte.

Volkswagen hat eine halbe Million Autos zurückgerufen mit dem Versprechen, das Problem der hohen Abgaswerte zu beheben und es änderte sich nichts.

„Hat das Wolfsburger Unternehmen etwa gedacht, dass die amerikanischen Behörden keine weiteren Prüfungen unternehmen werden?"

„Wie naiv und weltfremd kann ein Unternehmen sein, wenn es sich so verhält?"

„Oder sind sie einfach nur dreist und dachten, dass sie unangreifbar sind und die Welt glaubt ihnen jede Lüge?"

Meißner macht auch darauf aufmerksam, dass die deutsche Automobilindustrie gerade wegen ihres momentanen Erfolges und des Rückhalts in der Politik, keine Innovationen entwickelt.

Die Elektrofahrzeuge sind nur das Ergebnis der Subventionen, die die Automobilbranche vom Staat bekommen hat. Bei den Autoherstellen sowohl in

Deutschland, als auch in Europa wird eigentlich nur in 1-2 Jahresschritten gedacht. Die Entwicklungen konzentrieren sich auf kurzfristige Finanzierungen, z. B. durch Staatsaufträge, wie bei der Französischen Post die Elektroautos bestellt hatte, Subventionen und Fördergelder für Forschung und Entwicklung.

Das gilt auch für die Personalpolitik, die so fern ins Feld geführt wird, wenn es darum geht, dass die Autohersteller unterstützt und gefördert werden müssen.

Ja sicher sind die Beschäftigungszahlen in der Autoindustrie hoch. Aber es stimmt nicht, dass alles von ihnen abhängt. So ist es lange nicht mehr. Die deutschen Banken und Versicherungen sind in ihrer Bedeutung für das BIP der Bundesrepublik viel wichtiger, als die Autoproduktion und das Baugewerbe zusammengenommen.

Wenn aber die großen Autohersteller darauf verweisen, dass ihr Personal von derart hoher Bedeutung ist, so sollten sie auch besser mit ihnen umgehen. Eine kurzfristige Kündigung von etwa jeden 9 Angestellten und danach plötzlich drei Jahre später die Aufstockung der Beschäftigten um 10%, zeugt nicht gerade von einer vernünftigen und klugen Personalpolitik.

Dabei gehört gerade das sehr gut ausgebildete Personal in Deutschland, zu einem der wichtigsten Erfolgsfaktoren dieser Unternehmen in Deutschland. Deutsche Berufsschulen und Universitäten haben sich in ihren Ausbildungsabläufen und Praxen, seit über einem Jahrhundert, wie z. B. die Technische Universität in München, darauf spezialisiert Ingenieure und Fachleute für die Autoindustrie auszubilden.

„Wie kann es dann sein, dass diese Unternehmen ihren Mitarbeitern keine dauerhafte Sicherheit geben wollen und nach dem verrückten Hire and Fire-Prinzip verfahren?"

Doch nicht nur die Beschäftigten auch die gesamten Regionen und Cluster, z. B. rund um Wolfsburg, Rüsselsheim und Ingolstadt-München sind im Zusammenhang mit der Autoindustrie zu sehen. Auch hier gab es seit Beginn stets Unterstützung für die Autoindustrie. Kommunen und Städte haben die Infrastruktur und die Bedingungen für die Autoindustrie geschaffen und finanziert.

Es ist nicht klar ob die Autoindustrie diese Unterstützung und die Verbundenheit mit der Region ebenso hochschätzt. Wohl weniger, wenn sie bereit ist, kriminell zu handeln, nur um eine kleine Marktnische für sich zu gewinnen. Ein hohes Risiko, das dann nicht nur das Beschäftigen, sondern auch Kommunen und Städte in der Region trifft. Das haben Autohersteller auch nicht bedacht, als sie große Teile der Autofertigung ins Ausland verlagert haben.

Es ist sehr bitter für den Standort Deutschland und seine vielen in der Autoindustrie beschäftigten Menschen, dass sie vor derart unfähigen Unternehmenslenkern geführt werden. Aber in der deutschen Autogeschichte gab es schon einigen Lügen, die dann wieder vergessen wurden und man einfach weiter gemacht hatte wie vorher.

Das Ende

Danksagung

Obwohl, das Schreiben eines Buches häufig ein einsames Unterfangen darstellt, kommt dennoch kein Autor ohne Hilfe aus. Jedes Mal wenn, eines meiner Bücher erscheint stehe ich als Autor im Vordergrund. Das ist nicht besonders fair weil, es immer vieler Menschen bedarf, die eine solche Publikation überhaupt erst ermöglichen.

Das war natürlich auch bei mir der Fall. Und all die lieben Menschen, die mir während des Schreibens eine Hilfe gewesen sind, sollen hier nun eine besondere Erwähnung finden.

Zuerst richtet sich mein Dank an mein Verlag BoD (Books on Demand). Dass überhaupt jemand bereit war zu veröffentlichen, dass von mir kreiert wurde, ist schon fast ein kleines Wunder. Dafür vielen Dank und auch für, das offene Ohr und die motivierenden Worte, wenn ich mal wieder vor einem leeren Blatt saß und nicht weiter wusste. Danke für die Mühe und die Geduld, mein sehr geschätzter Verlag (BoD).

Selbstverständlich geht mein Dank auch an meine Familie, meinen Eltern, meinem Bruder und meinen drei Schwestern. Die mir immer die Kraft und die Zeit gegeben haben, mich meinem Buchprojekt zu widmen. Ohne euch würde meine Person, das niemals geschafft haben können.

Keinen geringen Anteil an der Fertigstellung haben auch Wolfgang (S), Roman (W), Marzena (W). Immer wenn meine eigene Person kurz davor war alles hinzuwerfen habt, ihr sie wieder aufgebaut und zum Weitermachen ermutigt.

Einen großen Dank auch an meine Leser und den zukünftigen Lesern, ihr seid mit ein Grund dafür, warum ich schreibe.

Vielen Dank an alle auch an die, die namentlich nicht erwähnt wurden.
Ich weiß das sehr zu schätzen. Dankeschön.

Literaturverzeichnis

Achtmann, R., & von Saldern, A. (2009). „Gesellschaft am Fließband" Fordistische Produktion und Herrschaftspraxis in Deutschland. Zeithistorische Forschungen/Studies in Contemporary History 6 (2009), S. 186-208.

Bardt, H. (2016). Autonomes Fahren: Eine Herausforderung für die deutsche Autoindustrie. IW-Trends–Vierteljahresschrift zur empirischen Wirtschaftsforschung, S. 39-55.

Bosch, R. (2001). Geschichte und Zukunft der deutschen Automobilindustrie: Tagung im Rahmen der "Chemnitzer Begegnungen" 2000. Stuttgart.

Dudenhöffer, F. (2016). Die Schweiz als Testfeld für die Verbreitung des „Tesla-Konzepts". Wirtschaftsdienst Vol. 96, Iss. 4, S. 296-298.
Kolev, G, & Puls, T. (2017). Trumponomics und die deutsche Autoindustrie. IW Kurzbericht.

Meißner, H.-R. (2010). Dringend gesucht: Längerfristige Szenarien für die Autoindustrie. WZ Brief Arbeit, No. 06.
Reif, K. (2017). Grundlagen Motoren- und Fahrzeugtechnick. Berlin.

Seeberger, M. (St. Gallen). Der Wandel in der Automobilindustrie hin zur Elektromobilität– Veränderungen und neue Wertschöpfungspotenziale für Automobilhersteller . Bamberg.

Bußgeldkatalog.org
Bußgeldkatalog 2019
mdrde/nachrichten wirtschaft

Impressum

Auflage: 2
Autor: J.R Lucas Wolf
luquetejero@hotmail.com

Umschlagkonzept: BoD - Books on Demand, Norderstedt
Herstellung und Verlag: BoD - Books on Demand, Norderstedt

© 2019 J.R Lucas Wolf

ISBN: 978-3-7504-1012-1

Printed: In Germany